深圳青少年心理发展研究报告：2016—2018

迟新丽　著

化学工业出版社
·北京·

图书在版编目(CIP)数据

深圳青少年心理发展研究报告：2016—2018/迟新丽著.—北京：化学工业出版社，2022.4

ISBN 978-7-122-40883-9

Ⅰ.①深…　Ⅱ.①迟…　Ⅲ.①青少年心理学-研究报告-深圳-2016—2018　Ⅳ.①B844.2

中国版本图书馆CIP数据核字（2022）第034882号

责任编辑：王　越　丛　靓
责任校对：边　涛
装帧设计：李子姮

出版发行：化学工业出版社
（北京市东城区青年湖南街13号 邮政编码100011）
印　　装：大厂聚鑫印刷有限责任公司
710mm×1000mm　1/16　印张7½　字数119千字
2022年8月北京第1版第1次印刷

购书咨询：010－64518888
售后服务：010－64518899
网　　址：http://www.cip.com.cn
凡购买本书，如有缺损质量问题，本社销售中心负责调换。

定　　价：59.00元　

前言

中国经济快速发展带来剧烈的社会变迁，由此引发的青少年情绪与行为适应问题已成为时代关注的议题。而地处我国沿海开放前沿，以泛珠三角区域为广阔发展腹地的粤港澳大湾区（包括香港特别行政区、澳门特别行政区和广东省广州市、深圳市、珠海市、佛山市、惠州市、东莞市、中山市、江门市、肇庆市）区位优势明显，已具备建成国际一流湾区和世界级城市群的基础条件——作为我国开放发展的“领头羊”，生活于此的青少年在身心快速发育、社会经济快速发展等因素带来的多重挑战下，会遭遇怎样的心理健康挑战？广大家长及教育工作者应该如何应对？基于此，本研究报告从家庭系统理论和发展系统理论的视角出发，以深圳青少年为研究对象进行为期三年（2016—2018年）的大数据追踪研究，旨在考察青少年的家庭功能、积极品质、网络成瘾、抑郁及内外化问题行为的演变趋势，探寻可能的影响因素，并提出相应的建议。

本研究结果不仅描述了上列变量的发展轨迹，还发现青少年的积极品质与家庭功能是青少年网络成瘾、抑郁及多种危险行为产生的重要预测因素。换言之，在青少年的心理健康问题防治与干预体系中，不仅要发挥家庭功能的最佳作用，为青少年发展提供良好的外部资源，更要重视培养青少年的内部资源，促进积极品质的发展，以预防或减少危险行为的发生——这将为学校和社区开展青少年心理健康发展项目打下重要的理论和实证基础，同时也为推进青少年交流合作，帮助青少年增加对国家民族的了解和认同，提供了有价值的科学依据和实践建议。此外，本研究对于提升中国青少年心理品质，促进其身心积极发展，以及呼吁和动员全社会力量积极参与，建立健全中国青少年健康发展服务体系具有重要意义。

本研究在研究方法上具有一定的创新性，在结合社会学和心理学学科知识的同时，着眼于家庭系统理论和发展系统理论，采用定量的研究方法，将传统心理测量与现代高级统计方法相结合——该范式可丰富、完善青少年研究方法，以帮助拓展青少年研究的深度和广度。

本研究尚有不足之处需要指出，同时基于不足之处，提出将来可待研究的方向。第一，本研究基于青少年的自我报告，该结果可能带有主观偏差。在今后的研究中，可结合父母报告、教师报告、实验法等多主体评定法，多方面考察青少年心理健康水平，以进一步增强数据的可靠性。第二，本研究被试均为初中生，年龄段未涵盖整个青春期，未来的研究可持续追踪整个初、高中阶段，以考察青少年期更为完整的心理健康发展轨迹。第三，本研究方法存在不一致性，其中对青少年积极品质、网络成瘾、抑郁发展轨迹的描述均使用了潜变量增长混合模型，旨在对这些变量及其群体异质性进行分析；但由于内外化问题行为未表现出明显的群组差异，故使用传统的回归分析进行轨迹比较。第四，本研究只选取了深圳6所公立中学进行数据采集，被试代表性可能受到限制，之后研究应考虑增加私立中学、职业学校的被试，扩大被试选取范围，增大样本容量，使研究结论更客观。此外，鉴于各种原因，本书中难免存在其他不足和疏漏，欢迎读者批评指正，提出宝贵意见。

目录

摘　要

随着我国经济快速发展，社会正经历着剧烈的变迁，青少年情绪与行为适应问题成为时代的议题。而粤港澳大湾区作为我国开放程度最高、经济活力最强的区域之一，正是这一时代经济发展和社会变迁的缩影。生活于此的青少年正面临着生理和心理快速发育和经济社会快速发展带来的双重挑战，对其心理健康的关注刻不容缓。基于这样的社会大背景，本课题从家庭系统理论和发展系统理论视角出发，通过大样本追踪设计，以深圳青少年为代表，探讨家庭功能、积极品质、网络成瘾、抑郁及内外化问题行为的发展特点及影响机制。研究采用家庭功能量表、青少年积极品质发展量表、流调中心用抑郁量表、网络成瘾量表、青少年危险行为评定量表及社会人口学信息问卷，进行为期三年的追踪调查，最终在深圳市获得有效被试1301名，其中，男生666名（占51.2%），女生621名（占47.7%），14人（占1.1%）未报告性别，第一次施测时被试年龄为（12. 46±0.63）岁（量表选取具体说明，请见正文11—13页）。研究采用SPSS、SPSS-process和Mplus 8.0对深圳青少年积极品质、网瘾、抑郁、内外化问题行为发展的规律进行深入分析，结果表明：

（1）深圳青少年积极品质发展有如下特点：

① 青少年积极品质发展水平从初一到初三期间，整体保持稳定，且大部分青少年都能保持在中等以上的水平；

② 青少年积极品质发展轨迹可分为两个亚组，分别为“高分组”和“进步组”；

③ 家庭功能较弱的青少年，其积极品质发展水平初始值低于其他同伴。

（2）深圳青少年网络成瘾状况呈现如下特点：

① 网络成瘾的检出率介于14.1%—15.6%之间；

② 网络成瘾的得分和检出率均在中学第二年（即初二）最高；

③ 网络成瘾的发展轨迹可以对应三种异质性亚组，分别为“网瘾恶化组”“网瘾风险组”和“网瘾缓解组”；

④ 良好的家庭功能和高水平的积极品质发展是青少年网络成瘾的保护性因素，它们让青少年更易进入缓解组（而非风险组或恶化组）。

（3）深圳青少年抑郁发展特点如下：

① 在相邻时间点之间，深圳青少年抑郁症状具有较低的相对稳定性，且随着间隔时间的增加，青少年抑郁的相对稳定性可能增加；同时，青少年抑郁的绝对稳定性随年龄的增长先稳定而后略有下降。

② 分析群体异质性后，本课题发现青少年抑郁的发展存在五条异质性发展轨迹，分别为“中等抑郁上升组”“恶化组”“抑郁恢复组”“抑郁高风险组”和“持续不抑郁组”；各轨迹亚组人数分布比例分别为19.68%、2.38%、6.15%、4.15%和67.64%。

③ 相对于持续不抑郁组，女性相对于男性归属于中等抑郁上升组、恶化组和抑郁高风险组的概率更高；相对于持续不抑郁组，家庭功能越高的青少年归属于中等抑郁上升组、抑郁高风险组的可能性就越小；相对于持续不抑郁组，青少年积极品质发展越好，进入中等抑郁上升组、恶化组和抑郁高风险组的发生比就越小。

（4）深圳青少年内外化问题行为的发展特点如下：

① 青少年各种外化问题行为的检出率介于8.15%—36.66%之间；

② 青少年暴力行为的检出率最高，逃学行为的检出率最低；

③ 初二的青少年各种外化问题行为的检出率略高于初一，但不存在显著差异，而初三部分外化问题检出率比初二略有下降；

④ 从初一到初二，青少年内化问题保持稳定，初三轻度减少；

⑤ 内化问题显著多于外化问题行为；

⑥ 男生表现较多的是外化问题行为，女生表现较多的是内化问题；

⑦ 家庭功能发挥越好，青少年的内外化问题行为越少；

⑧ 青少年积极品质发展水平越高，内外化问题行为越少。

关键词：青少年；深圳；青少年积极品质发展；网络成瘾；抑郁症状；内外化行为

1
研究概况

1.1 研究目的和意义

青少年进入人生成长过程中的关键时期，充满潜力，面对无数机遇，是国家的未来和希望，也是民族向上生命力的表现，是社会进步的重要力量。同时，这个人生发展的关键阶段也充满挑战，青少年生理和心理都发生着剧烈的变化，根据埃里克森的人格发展阶段论，青少年时期是个体自我同一性发展的关键时期，他们自我意识增强，但心理发展并不成熟，往往会经历自我同一性混乱，容易受到周围环境的影响——尤其是消极的环境与事件，容易面临各种问题和困扰，如焦虑、抑郁、网络成瘾、自杀等，并有低龄化和逐年上升的趋势，这些都会削弱他们的心理和社会竞争力。如何帮助青少年规避风险和侵害，引导他们踏上发展潜能的道路，已引起党和国家的高度重视，体现了党和国家对青少年的期望，也为青少年健康成长指明了方向。

在这样的寄望下，我国采取了一系列积极举措，如2019年7月，在国家卫生健康委员会等几个部门联合发布的《健康中国行动(2019—2030年)》中，心理健康促进行动排在健康中国十五项专项行动中的第五位，是健康中国行动的重要组成部分；随后，2019 年12月，国家卫生健康委员会等几个部门联合印发《健康中国行动——儿童青少年心理健康行动方案(2019—2022年)》，明确指出儿童青少年心理健康工作是健康中国建设的重要内容；2020年4月，教育部发布《给全国中小学校新学期加强心理健康教育的指导建议》，强调了儿童青少年心理建设的重要地位，要进一步加强儿童青少年心理健康工作，这是关系国家和民族未来的重要公共卫生问题。基于上述社会背景，本课题尝试深入研究粤港澳大湾区（以深圳为代表）青少年，旨在揭示青少年心理社会发展变化及差异，加强各地青少年交流合作和共同健康成长，促进社会和谐。

1.2 研究内容

1.2.1 研究目标

本次研究主要有4个目标：

（1）探究深圳青少年（从7年级到9年级）积极品质发展变化轨迹。

（2）探究深圳青少年（从7年级到9年级）危险行为变化轨迹。

（3）从横向和纵向上考察深圳青少年积极品质发展对其危险行为的影响。

（4）基于实证研究结果，提出促进深圳青少年心理社会健康发展的针对性建议，促进青少年对国家民族的认同和了解，增加各地青少年交流合作。

1.2.2 基本思路

本研究以促进深港青少年交流合作，帮助青少年规避风险和侵害，共同健康发展为目标，逐次进行如下研究（图1-1）。

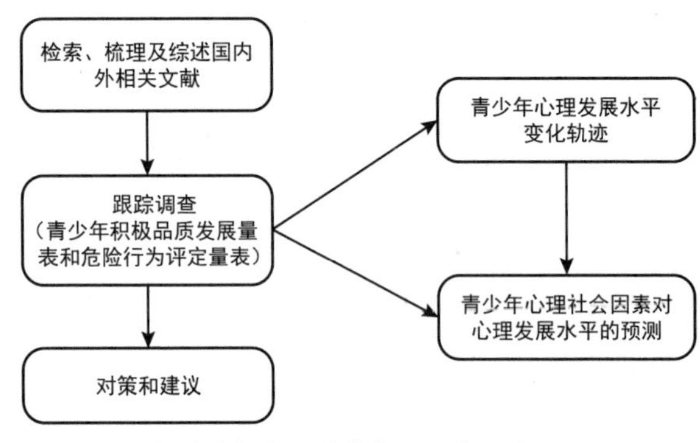

图1-1　深圳青少年心理社会发展研究思路

1.2.3 核心概念

家庭功能（family functioning）是指家庭系统中家庭成员的情感联系、家庭规则、家庭沟通以及应对外部事件的有效性。此外，也有学者从家庭完成的任务来定义家庭功能。如 Epstein 和 Skinner 认为家庭的基本功能是为家庭成员生理、心理、社会性等方面的健康发展提供一定的环境条件。为实现这一基本功能，家庭系统必须完成一系列的任务，如满足个体在衣、食、住、行等方面的物质需要，适应并促进家庭及其成员的发展，应付和处理各种家庭突发事件，等等。再者，也有研究者认为家庭功能是指家庭生活的质量，涉及家庭的健康、胜任力、优势以及弱点，这一概念超越了亲子二元关系以及夫妻二元关系，将家庭作为一个系统的整体来看待。家庭功能与青少年问题行为之间的关系可能存在三种不同的作用模型：家庭效应模型（family effect model）、子女效应模型（child effect model）以及互惠效应模型（reciprocal effect model）。其中，家庭效应模型已被大多数研究证实，该模型认为家庭功能不良是青少年问题行为的重要诱因，家庭凝聚力、家庭沟通、家庭氛围等因素可以显著预测青少年问题行为的发生。

青少年积极品质发展（positive youth development，PYD）是指那些有利于青少年当下及未来的幸福和成功，有利于抵御成长风险，有利于对他人和集体做出贡献的心理特征的发展。基于积极青少年发展观（positive youth development perspective），当前涉及青少年积极品质成分的模型包括5C模型、24项品格优势模型、4-H模型、发展资源模型、社会情感学习模型以及Catalano等（2004）提出的15个维度模型(Shek et al., 2019)。尽管不同研究者对青少年积极品质的分类及命名存在差异，但所有的积极心理品质模型都具有以下共性特征：第一，这些品质都可以在青少年身上观测到；第二，这些品质有利于青少年未来的幸福；第三，这些品质有利于青少年抵御生活中可能遭遇的发展风险，帮助青少年度过人生中的逆境；第四，这些品质在青少年阶段具有一定程度的可塑性 (盖笑松 等，2013)。有关青少年积极品质的理论、研究和应用对于提高青少年生活质量具有重要意义。

网络成瘾（internet addiction）指在无成瘾物质的作用下，上网行为冲动失控，表现为过度使用互联网而导致的学业失败、工作绩效变差、人际关系不和谐等一系列的社会、心理功能损害。这个概念由美国精神科医生Ivan Goldberg（1995）首先提出。美国匹兹堡大学教授Kimberly S. Young（1998）进行了开创性的网络成瘾的临床研究，发现396名已经形成互联网依赖的被试均符合病态性赌博的8项诊断标准中的至少5项；随后Young（1999）进一步指出网络成瘾是一个广泛的概念，涵盖了一系列与过度使用网络有关的行为问题，并将其区分为五个细分类别：网络性成瘾（强迫性使用成人网站或网络色情产品）、网络关系成瘾（过度沉迷于互联网关系）、强迫性上网（过度沉迷于在线赌博、购物或交易等）、信息过载（强迫性浏览网页信息或搜索数据），以及计算机成瘾（过度沉迷于电脑游戏）。目前世界各国对网络成瘾进行了广泛的研究，其作为一种心理障碍已被学界及社会大众认知和接受。2013年美国精神病学协会将网络游戏障碍纳入了新一版《精神障碍诊断与统计手册》（DSM-5）的附录。

抑郁（depression）是一种可能影响到思维、行为、感觉和幸福感的情绪低落、厌恶活动的精神状态，其症状包括感到悲伤、焦躁，睡眠问题，甚至自杀等（Hankin, 2006）。根据表现特征或者程度，国内外学者将抑郁划分为三类：抑郁情绪（depression mood）、抑郁综合征（depression syndrome）、抑郁症（depressive disorder）（Cantwell et al, 1991; 徐夫真，2012）。其中，抑郁情绪是指个体对所在环境感到悲伤的情绪体验；抑郁综合征是指个体感到悲观、内疚、忧虑、快乐丧失等抑郁情绪的症候群；抑郁症的诊断需要患者达到相关临床界定标准，如包含情绪低沉、悲伤、食欲下降、内疚、注意缺陷和无意义感等方面的情绪、行为、认知障碍问题，同时需要通过结构化访谈进行评估。进一步来看，抑郁症又分为精神抑郁障碍（dysthymic disorder, DD）和严重抑郁障碍（major depressive disorder, MDD）（徐夫真，2012）。总体来看，抑郁是一个连续体，均有悲观、忧郁的情绪状态，而这种状态持续时间或短或长，可发展为轻度或中度抑郁，也可能发展为抑郁症候群，甚至更为严重的抑郁障碍。因此，基于前人对抑郁的界定，本研究倾向于将抑郁定义为个体的消极情绪体验，悲观、低动机水平等认知表现，和退缩、易怒，甚至自杀的行为表现的连续体。

青少年问题行为(adolescent problem behaviors)是指危害青少年生活和身心健康的行为(Zhu et al., 2016)。一般而言，问题行为分为内化问题和外化问题行为。内化问题主要指个体心理内部的情绪情感，如焦虑、抑郁、退缩、网瘾等；外化问题行为指个体对外部环境作出消极反应的一系列外向性行为问题，如攻击、违纪等(高鑫 等，2016)。本课题使用白洁（2007）编制的青少年危险行为评定量表来整体测量青少年的内外化问题行为。内化问题包括焦虑、抑郁、退缩、神经质；外化问题行为包括暴力行为、不服管教、偷窃、逃学逃家。本研究在整体测量青少年问题行为的同时，进一步对在青少年群体中典型而普遍发生的问题，如网瘾和抑郁，进行深入探究与解释。

1.2.4 研究设计

1.2.4.1 青少年积极品质发展和网络成瘾、抑郁及问题行为的发展轨迹

使用Shek和Sun（2007）翻译及修订的青少年积极品质发展量表（中文版）（包含认知行为能力、亲社会属性、积极认同及一般积极品质4个维度15个因素），

白洁（2007）编制的青少年危险行为评定量表中的内化问题和外化问题行为子量表（内化问题子量表包括抑郁、焦虑、退缩、神经质，外化问题行为子量表包括暴力行为、不服管教、偷窃、逃学和逃家，共34个项目），Young（1999）编制的适合测量青少年网络成瘾行为的量表，陈祉妍、杨小冬和李新影（2009）修订的中文版流调中心用抑郁量表；以一年时间为间隔，对青少年进行跟踪测试，选取7年级学生作为被试，进行第一次测试（wave 1），被试升入8年级后进行第二次测试 (wave 2)，升入9年级后进行第三次测试 (wave 3)。研究旨在考察深圳青少年积极品质发展和网络成瘾、抑郁及内外化问题行为变化轨迹，以准确把握其发展特点。

1.2.4.2　青少年积极品质发展对网络成瘾、抑郁及问题行为的预测

本研究旨在从横向和纵向上全面考察深圳青少年积极品质发展对危险行为的预测，以探究青少年积极品质发展对网络成瘾、抑郁及内外化问题行为的影响。

横向：青少年在每个年级（7、8、9年级）时积极品质的发展水平对网络成瘾、抑郁及内外化问题行为的影响。

纵向：7年级时青少年积极品质的发展水平，分别对8年级和9年级时网络成瘾、抑郁及内外化问题行为的预测；8年级时青少年积极品质的发展水平对9年级时网络成瘾、抑郁及内外化问题行为的预测。

1.2.4.3　推动青少年积极发展的建议

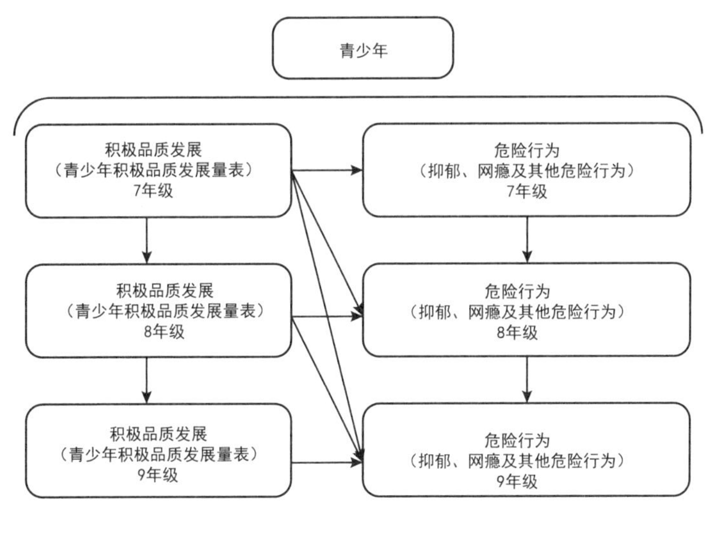

图1-2　深圳青少年积极品质发展和危险行为追踪研究

基于上述研究结果（图1-2），为如何在学校或社区开展青少年心理社会健康发展项目（如课外活动、课程）提供对策和建议，促进青少年健康成长。

1.2.5 具体研究方法

研究方法为定量研究法。

（1）心理测量法：检验青少年积极品质发展量表和青少年危险行为评定量表的信效度，确保工具的科学性。

（2）问卷调查法：在深圳的中学随机取样，收集研究数据。

（3）统计法

a）建立数据库：对收集的数据进行整理、入库。

b）描述性分析：旨在了解青少年在每个年级时段的人口学信息，以及积极品质发展和危险行为特征。

c）多元线性和逻辑回归：旨在了解青少年在每个年级时段的积极品质发展对网瘾、抑郁、内外化问题行为的预测力。

d）重复测量多元方差分析（repeated-measure MANOVA）、线性混合模型（linear mixed model，LMM）和结构方程模型（structural equation modeling, SEM）：旨在了解青少年积极品质发展对危险行为跨时间的预测力。具体来说，即第一次测试时青少年积极品质的发展（控制危险行为）对第二、第三次测试时危险行为的预测力；第二次测试时青少年积极品质的发展（控制危险行为）对第三次测试时危险行为的预测力。

e）独立样本*t*检验(independent *t* test)、单元和多元方差分析(ANOVA，MANOVA)等：旨在了解青少年积极品质发展和危险行为特性及变化差异，同时了解青少年积极品质发展对危险行为影响的差异。

f）潜变量混合增长模型 (latent growth mixture modeling, LGMM)：旨在对青少年的积极品质发展及各问题行为轨迹及其群体异质性进行分析。

1.3 资料收集和数据采集情况

1.3.1 研究对象

被试是来自深圳6所中学的初一学生（完整追踪其中5所中学的学生数据），数据采集频率为每学年一次，共获取3批次数据。首次数据采集时间为被试入学后的第一个10月份（2016年10月），所有被试均需填写个人基本资料，并完成青少年积极品质发展水平、家庭功能、网络成瘾、抑郁及问题行为的测评。追踪测试安排在第二年和第三年的10月份进行。整合三次调查数据，在删除各种无效样本后，最终有5所中学的1301名有效被试完成了三次问卷调查。其中，男生666名（占51.2%），女生621名（占47.7%），14人（占1.1%）未报告性别；进行首次调查时，被试的年龄为（12.46±0.63）岁，年龄范围是11—15岁。被试具体情况如下所示：

本研究采用整群随机抽样的方法抽取深圳市5所中学2016级初中学生，以一年时间为间隔，开展三次追踪测查。本研究于2016年10—11月（被试7年级时，以下简称T1）实施第一次测查，获得有效被试1544名。第二次追踪测查于2017年10—11月（被试8年级时，以下简称T2）实施，获得有效被试1511名。第三次测查于2018年10—11月（被试9年级时，以下简称T3）实施，获得有效被试1480名。部分学生由于转学、生病、请假等没有完整参与三次测查，将三次测查结果整合后，去除各种无效被试，剩余样本量较大，因此对于缺失数据采用SPSS默认的列删法进行处理，最终获得三次都参与问卷调查的有效被试1301名，构成了本研究的样本。有效被试和流失被试的差异分析如表1-1所示。

表1-1 深圳样本未流失和流失被试的差异分析

变量	未流失（*N* = 1301）		流失（*N* = 243）		*p*
	n/M	%/*SD*	*n/M*	%/*SD*	
性别					0.12
男生	666	51.2	139	57.2	
女生	621	47.7	104	42.8	
未填	14	1.1	—	—	

续表

变量	未流失（N = 1301）		流失（N = 243）		p
	n/M	%/SD	n/M	%/SD	
家庭结构					0.63
完整	1222	93.9	232	95.5	
不完整	68	5.2	11	4.5	
未填	11	0.8	—	—	
青少年积极品质发展	4.72	0.68	4.69	0.67	0.48
家庭功能	4.07	0.77	3.61	0.58	0.001
网络成瘾	1.54	1.99	1.54	2.00	0.69
内化问题	39.58	14.01	40.98	14.43	0.16
外化问题行为	17.64	4.83	18.53	5.57	0.01
抑郁症状	13.66	9.15	15.35	9.07	0.01

1.3.2 研究主要过程及活动

由心理学研究生及被测查学校的心理教师担任主试。首先，在测查前一周对担任主试的心理学研究生及心理老师进行统一培训，统一测试现场指导语，确保每位主试充分了解整个测查的要求和注意事项；其次，由施测学校的心理教师向被试发放知情同意书，并详细告知本研究的方法、程序及要求；最后，在课室里以班级施测的方式对同意参加本研究的被试进行测试，被试之间分开坐、不说话、不讨论。被试需完成由个人及家庭基本情况、家庭功能量表、青少年积极品质发展量表、网络成瘾量表、抑郁量表及内外化问题行为量表构成的《深圳青少年发展状况问卷》。在测试期间，每个课室由2名心理学研究生或心理老师担任主试，负责回答被试提出的关于题目的疑问。施测时间约为25分钟，问卷完成后当场回收。受测学生家长及学生所在班级的教师均同意受测学生参与此次评估。本研究经过深圳大学伦理委员会同意，所有受测学生均已签署知情同意书。数据采集频率为每学年一次，首次数据采集时间为被试入学后的第一个10月份（2016年10月），第二次数据采集时间为2017年10月，第三次数据采集时间为2018年10月。

1.3.3 研究工具

1.3.3.1 社会人口学信息问卷

该问卷由本课题组自行编制，了解受访被试的人口学特征，主要包括性别、年龄、父母受教育程度、家庭收入、家庭完整性等。

1.3.3.2 家庭功能量表

采用Shek（2002）编制的针对青少年被试的适合中国文化背景的评定量表，包括相互关系、冲突、沟通三个维度，共9道题（具体题目内容请见附录2）。采用Likert 5级计分（1表示“十分不相似”，5表示“十分相似”）。该问卷在以往研究中表现出良好的信效度(Leung et al., 2016)。本研究中，量表的信效度俱佳（详见表1-2）。

1.3.3.3 青少年积极品质发展量表

采用Shek与Sun（2007）编制的青少年积极品质发展量表，该量表共包含41个条目（题目节选请见附录2），采用六点记分法（1表示“非常不同意”,6表示“非常同意”）。用被试在各条目的平均得分表示其积极品质的发展水平，得分越高表明被试的积极品质发展水平越高。以往研究已证明该量表在评估青少年积极品质发展水平时具有良好的信效度。在本研究中，该量表的信效度俱佳（详见表1-2）。

1.3.3.4 网络成瘾量表

采用Young（1999）编制的适合测量青少年网络成瘾行为的量表，采用“是”和“否”两点计分，其中“是”记1分，“否”记0分。Shek等（2008）针对中国被试群体对该量表中文版进行了修订，量表共10个题目（具体题目内容请见附录2）,10个题目的总分用于衡量青少年沉迷于互联网的程度。根据Young（1999）的标准，得分在4分及以上则可以确定为网络成瘾。量表在本研究的三个时间点的信效度俱佳（详见表1-2）。

1.3.3.5 抑郁量表

本研究选取的是由陈祉妍、杨小冬和李新影（2009）修订的中文版流调中心用抑郁量表（the center for epidemiological studies depression scale，CES-D），原量表由Radloff（1977）编制，用于抑郁症状的筛查，共有20道题（题目节选请见附录2），包括4个因素：积极情绪、抑郁情绪、躯体症状和人际关系困难。采用0—3级计分，用于评定最近一周内症状出现的频率。各题评分相加得到总分，以16分作为抑郁症状临界点，即15分及15分以下为无抑郁症状，16分及以上为有抑郁症状。以往研究已证实该量表具有良好的信效度（崔丽霞 等，2014；王志杰 等，2014），在本研究中三年施测的信效度俱佳（详见表1-2）。

1.3.3.6 危险行为评定量表

使用白洁(2007)编制的适合我国青少年的危险行为评定量表中的内化问题和外化问题行为子量表，测查青少年适应行为。其中，内化问题子量表包括抑郁、焦虑、退缩、神经质；外化问题行为子量表包括暴力行为、不服管教、偷窃、逃学和逃家。量表共34个项目（题目节选请见附录2），每个项目按1—5计分（“1”表示“从来没有”，“2”表示“偶尔这样”，“3”表示“有时会这样”，“4”表示“经常这样”，“5”表示“一直以来就这样”）。得分越高表明不良适应行为越严重。在本研究中，该量表的信效度俱佳（详见表1-2）。

表1-2 各量表信效度指标（*N*=1301）

变量	χ^2	*df*	CFI	TLI	RMSEA	SRMR	Cronbach' s α
家庭功能							
T1 家庭功能	102.473	23	0.984	0.974	0.052	0.023	0.86
T2 家庭功能	231.328	23	0.959	0.935	0.083	0.043	0.85
T3 家庭功能	198.875	23	0.976	0.962	0.077	0.041	0.89
青少年积极品质发展							
T1 青少年积极品质发展	2899.896	649	0.911	0.893	0.052	0.040	0.95
T2 青少年积极品质发展	3385.993	688	0.904	0.886	0.055	0.036	0.96
T3 青少年积极品质发展	5165.715	688	0.908	0.891	0.071	0.050	0.98
网络成瘾							
T1 网络成瘾	271.880	34	0.890	0.854	0.074	0.043	0.76
T2 网络成瘾	309.874	34	0.865	0.822	0.080	0.046	0.75
T3 网络成瘾	346.051	34	0.916	0.889	0.085	0.043	0.83

续表

变量	χ^2	*df*	CFI	TLI	RMSEA	SRMR	Cronbach's α
抑郁症状							
T1 抑郁症状	8463.780	190	0.930	0.905	0.056	0.040	0.85
T2 抑郁症状	8817.822	190	0.959	0.094	0.045	0.029	0.85
T3 抑郁症状	12,802.648	190	0.957	0.944	0.053	0.033	0.88
危险行为							
T1内化问题	1118.740	162	0.904	0.888	0.067	0.042	0.92
T2内化问题	1128.271	162	0.915	0.901	0.068	0.038	0.93
T3内化问题	1526.738	162	0.922	0.908	0.076	0.039	0.95
T1外化问题行为	398.570	48	0.871	0.882	0.075	0.063	0.78
T2外化问题行为	398.973	48	0.900	0.862	0.075	0.066	0.82
T3外化问题行为	944.219	43	0.867	0.820	0.077	0.076	0.88

1.4 研究主要内容和重要观点

1.4.1 深圳青少年积极品质的发展轨迹及预测因素研究

1.4.1.1 青少年积极品质的发展得分及稳定性

在研究阶段的三年内，深圳青少年的积极品质发展水平保持相对稳定，并有小幅上升趋势，且大部分青少年的积极品质发展水平都能保持在中等以上。

1.4.1.2 青少年积极品质的发展轨迹

分析群体异质性后，我们发现深圳青少年样本中存在两个亚组，分别是高分组（占95.3%）和进步组（占4.6%）。

1.4.1.3 青少年积极品质发展的影响因素

对深圳青少年积极品质的发展轨迹有显著影响的因素有年龄和家庭功能，其中年龄较大和家庭功能较弱的青少年更容易被判定为属于潜在类别中的进步组。其中，家庭功能对青少年积极品质发展轨迹预测的显著性超过年龄，家庭功能较弱的青少年，其积极品质发展水平初始值低于家庭功能良好的同伴。

1.4.2 深圳青少年网络成瘾的发展轨迹及预测因素研究

1.4.2.1 网络成瘾得分及稳定性

在3次对网络成瘾的测评中，T2的均值最高，其次为T1，T3最低。3个时间点的标准差逐年增加，说明青少年个体间的网络成瘾得分差异逐年增大。初一的网络成瘾青少年占14.1%，初二上升至15.6%，初三又下降至14.9%。网络成瘾的得分和检出率均在中学第二年最高，较中学第一年，初二时期检出率增长了1.5%，这提示我们，对于青少年而言，中学第二年很有可能是非常关键的时期。网络成瘾得分在相邻两年间的稳定性较低，而在第一年和第三年间呈中等稳定性。

1.4.2.2 网络成瘾发展轨迹

分析群体异质性后，我们发现深圳青少年样本中存在三个亚组，分别是网瘾缓解组（占79.07%）、网瘾风险组（占17.06%）和网瘾恶化组（占3.87%）。

1.4.2.3 网络成瘾影响因素

首先，深圳青少年网络成瘾发展轨迹表现出显著的性别效应。相比于网瘾风险组，男性青少年更有可能处于网瘾缓解组。其次，家庭功能和积极品质发展水平对青少年网瘾的发展轨迹也有显著的影响效应，即家庭功能较高和积极品质发展水平得分较高的青少年更可能处于网瘾缓解组（相比于网瘾风险组），家庭功能较低和积极品质发展水平得分较低的青少年更可能处于网瘾恶化组（相比于网瘾缓解组）。

1.4.3 深圳青少年抑郁症状的发展轨迹及其影响因素

1.4.3.1 抑郁症状发展轨迹研究

本研究发现，在相邻时间点上，青少年抑郁具有较低的相对稳定性，且随着间隔时间的增加，青少年抑郁的相对稳定性可能增加；同时，青少年抑郁的绝对稳定性随年龄的增加而先稳定后略有下降。分析群体异质性后，我们发现青少年抑郁的发展存在五条异质性发展轨迹，分别为中等抑郁上升组、恶化组、抑郁恢复组、抑郁高风险组和持续不抑郁组；各轨迹亚组人数分布比例分别为19.68%、2.38%、6.15%、4.15%和67.64%。

1.4.3.2 抑郁症状影响因素对比

本研究发现，青少年积极品质发展和协变量（性别、年龄、家庭结构、家庭收入、家庭功能）对各潜在类别青少年抑郁水平发展轨迹的效应如下：相对于持续不抑郁组，女性相对于男性归属于中等抑郁上升组、恶化组和抑郁高风险组概率更高，持续不抑郁组的青少年与其他四类青少年抑郁发展亚组不存在显著的年龄、家庭结构和家庭收入的差异；相对于持续不抑郁组，家庭功能越高，归属于中等抑郁上升组、抑郁高风险组的可能性就越小；相对于持续不抑郁组，青少年积极品质发展越好，进入中等抑郁上升组、恶化组和抑郁高风险组的发生比就越小。

1.4.4 深圳青少年内外化问题行为发展变化及影响因素

1.4.4.1 内外化问题行为发展变化研究

青少年各种外化问题行为的检出率是8.15%—36.66%。青少年暴力行为的检出率最高，逃学行为的检出率最低；初二的青少年各种外化问题行为的检出率略高于初一，但初三外化问题行为检出率略有下降。此外，重复测量方差分析结果表明，青少年在初一到初二期间内化问题发生率保持稳定，到初三稍微减少。青少年在初一到初二期间外化问题行为发生率保持稳定，到初三稍微减少。同一时间的内化问题显著多于外化问题行为。

1.4.4.2 内外化问题行为影响因素对比

性别显著预测初一、初三的青少年内化问题，女生在此时期内化问题更多；性别显著预测初一、初二的青少年外化问题行为,男生在此时期外化问题行为更多。家庭功能显著负向预测三年的青少年内外化问题行为，表明家庭功能越健全，青少年不良适应行为表现越少。青少年积极品质的发展显著负向预测青少年的内外化问题行为。年龄、家庭结构、家庭收入对三年青少年适应行为的预测均不显著。

1.4.4.3 总结

本研究发现，青少年各种外化问题行为的检出率是8.15%—36.66%。青少年暴力行为的检出率最高，逃学行为的检出率最低；初二的青少年各种外化问题行为的检出率略高于初一，但不存在显著差异，而初三青少年外化问题行为检出率比初二略有下降；从初一到初二，青少年内化问题和外化问题行为保持稳定，初三轻度减少；内化问题显著多于外化问题行为；男生表现出较多的外化问题行为，女生表现出较多的内化问题；家庭功能发挥越好，青少年的内外化问题行为越少；青少年积极品质发展水平越高，青少年的内外化问题行为越少。

1.5 研究内容及方法的创新程度、突出特色和主要建树

本研究通过大样本追踪设计，探讨家庭功能、青少年积极品质发展、网络成瘾、抑郁及内外化问题行为发展特点及影响机制，采用家庭功能量表、青少年积极品质发展量表、流调中心用抑郁量表、网络成瘾量表及青少年危险行为评定量表对深圳1301名2016级初中学生进行每年一次，为期三年的追踪测查，发现了深圳青少年积极品质、抑郁、网络成瘾、内外化问题行为发展的规律。研究发现，个人的积极品质与家庭功能的水平是青少年网络成瘾、抑郁及多种危险行为出现的重要预测因素。总的来说，本研究采用追踪研究，一方面考察青少年积极品质发展和危险行为的变化轨迹，和积极品质发展对网络成瘾、抑郁及内外化问题行为的横向和跨时间上的预测力。另一方面揭示青少年积极品质发展和网络成瘾、抑郁及内外化问题行为变化的差异，和积极品质发展对网络成瘾、抑郁及内外化问题行为横向和纵向影响的差异。目前国内尚无此方面的追踪和对比研究，在此点上，本研究也具有独创性特点。通过横向、纵向和跨地区数据的多方位支撑，可以强有力地说明青少年积极品质发展对青少年成长所起到的重要影响。这将为在学校和社区开展青少年心理社会健康发展项目（如课程、活动）打下重要的理论和实证基础。本研究在研究方法上也有一定程度的创新，结合社会学和心理学学科知识，着眼于积极青少年发展观，采用定量的研究方法、传统心理测量和现代高级统计方法，可完善青少年研究方法，以帮助青少年研究向更深和更广的方向拓展。

1.6 成果的学术价值和应用价值，以及社会影响和效益

该研究通过横向与纵向对比丰富了个人能力、家庭功能及学校适应对青少年危险行为影响机制的研究结论，同时提示不仅要发挥家庭功能的最佳作用，为青少年发展提供良好的外部资源，更要重视培养青少年的内部资源，促进青少年的积极品质发展，以预防或减少危险行为的发生。这为今后青少年发展问题的预防及干预研究提供了重要的理论框架支撑和实践建议。同时也为积极开展青少年健康发展项目，推进青少年交流合作，帮助青少年增加对国家的了解和认同，提供

了良好的科学依据和实践建议。对于提升中国青少年心理品质，促进其身心积极发展，以及呼吁和动员全社会力量积极参与建立健全中国青少年健康发展服务体系具有重要意义。

1.7 成果存在的不足或欠缺，尚需深入研究的问题及研究展望等

本研究尚有几点不足之处需要指出，同时基于不足之处，提出将来可待研究的方向，具体如下：

第一，本研究是基于青少年的自我报告，该结果可能带有主观偏差。在今后的研究中，可结合父母报告、教师报告、实验法等多主体评定法来多方面考察青少年的危险行为，以进一步增强数据的可靠性。

第二，本研究中，被试的年龄段为初中阶段，未涵盖整个青春期，未来的研究可以持续追踪整个初高中阶段，以考察青少年期更为完整的发展轨迹。

第三，本研究中，青少年积极品质发展、网络成瘾、抑郁的发展轨迹研究均使用了潜变量混合增长模型，旨在对青少年的积极品质发展、网络成瘾、抑郁的发展轨迹及其群体异质性进行分析。但由于内外化问题行为没有表现出明显的群组差异，故使用传统的回归分析进行轨迹比较。研究方法存在不一致性。

第四，本研究只选取了深圳6所公立中学，被试代表性可能受到限制，之后研究应考虑增加私立中学、民办或者职业学校的被试，扩大被试选取范围，增大样本容量，使研究结论更客观。

参考文献

CANTWELL D P, BAKER L, 1991. Manifestations of depressive affect in adolescence [J]. Journal of Youth & Adolescence, 20(2): 121-133.

CATALANO R F, BERGLUND M L, RYAN J A M, et al., 2004. Positive youth development in the United States: Research findings on evaluations of positive youth development programs [J]. Annals of the American Academy of Political & Social Science, 591(1):98-124.

HANKIN B L, 2006. Adolescent Depression: Description, causes, and interventions [J].Epilepsy & Behavior, 8(1): 102-114.

LEUNG J T Y, SHEK D T L, MA C M S, 2016. Measuring perceived parental sacrifice among adolescents in Hong Kong: Confirmatory factor analyses of the Chinese parental sacrifice scale [J]. Child Indicators Research, 9(1): 1-20.

RADLOFF L S, 1977. The CES-D scale: A self-report depression scale for research in the general population [J]. Applied Psychological Measurement, 1(3): 385-401.

SHEK D T L, DOU D, ZHU X, et al., 2019. Positive youth development: current perspectives [J]. Adolescent Health, Medicine and Therapeutics, 2019, 10:131-141.

SHEK D T L, SIU A M H, LEE T Y, 2007. Chinese positive youth development scale: A validation study [J]. Research on Social Work Practice, 17(3): 380-391.

SHEK D T L, 2002. Assessment of family functioning in Chinese adolescents: The Chinese version of the Family Assessment Device [J]. Research on Social Work Practice, 12(4): 502-524.

SHEK D T, TANG V M, LO C Y, 2008. Internet addiction in Chinese adolescents in Hong Kong: assessment, profiles, and psychosocial correlates [J]. The Scientific World Journal, 8(1): 776-787.

YOUNG K S, 1998. Internet addiction: The emergence of a new clinical disorder [J]. CyberPsychology & Behavior, 1(3): 237-244.

YOUNG K S, 1999. Internet addiction symptoms, evaluation and treatment [M]// L V T L Jackson. Innovations in clinical practice: A source book. Sarasota, FL.: Jackson Professional Resource Press, 17: 19-31.

ZHU J, YU C, ZHANG W, et al., 2016. Peer victimization, deviant peer affiliation and impulsivity: predicting adolescent problem behaviors [J]. Child Abuse & Neglect, 58: 39-50.

白洁, 2007. 青少年危险行为评定量表的编制[D].太原: 山西大学.

陈祉妍, 杨小冬, 李新影, 2009.流调中心抑郁量表在我国青少年中的试用[J]. 中国临床心理学杂志, (04):443-445, 448.

崔丽霞, 刘娟, 罗小婧, 2014. 社会支持对抑郁影响的中介模型探讨[J]. 心理科学, 37(4):980-984.

盖笑松, 兰公瑞, 2013.大学生积极发展问卷的编制[J].心理与行为研究, 11(6): 786-791.

高鑫, 邢淑芬, 赵军燕, 2016. 父母的心理控制与儿童心理社会功能的关系[J]. 心理科学进展, 24(11): 1792-1801.

王志杰, 张晶晶, 潘毅, 等, 2014. 社会支持对流动儿童抑郁的影响:韧性的中介作用[J]. 中国临床心理学杂志,22(2): 311-314.

徐夫真,2012. 青少年早期抑郁的发展及其与家庭、同伴和个体因素的关系[D]. 济南：山东师范大学.

参考资料

American Psychiatric Association,2013.

Diagnostic and statistical manual of mental disorders: DSM-5™ [M]. 5th ed. Washington,D. C.:American Psychiatric Publishing, Inc.

中华人民共和国国家卫生健康委员会，2019.关于印发健康中国行动——儿童青少年心理健康行动方案（2019—2022年）的通知[EB/OL].[2021-10-08]. http://www.gov.cn/xinwen/2019-12/27/content_5464437.htm.

中华人民共和国教育部，2020. 给全国中小学校新学期加强心理健康教育的指导建议[EB/OL].[2021-10-08]. http://www.moe.gov.cn/jyb_xwfb/gzdt_gzdt/s5987/202004/t20200424_446107.html.

2
深圳青少年积极品质的发展轨迹及其影响因素

摘要：本研究从青少年积极品质发展理论的视角，采用纵向研究设计，意在考察深圳青少年积极品质的发展轨迹及其影响因素。采用青少年积极品质发展量表测量青少年的积极品质。1301名深圳初中生参加了三轮追踪研究。其中，初次测量中被试的年龄为（12.46 ± 0.63）岁。将收集的数据整理完毕后，分别在Mplus和SPSS中构建无条件化潜变量混合增长模型和逻辑回归模型。结果显示深圳青少年的积极品质保持在中等以上水平。此外，家庭功能是影响深圳青少年积极品质发展轨迹的重要因素，家庭功能不同的青少年具有不同的积极品质初始值和发展轨迹。该章对深圳青少年的发展轨迹及其影响因素做了深入讨论，以期为今后促进青少年发展提供一定的理论和实证支持。

关键词：积极品质；积极品质发展；青少年；亚群组；影响因素

2.1 引子

青春期是从儿童期发育到成人期的重要转折时期，青春期的心理健康对于培养青少年独立健全的人格、形成自信自强的精神品质、树立生活目标和理想信念都至关重要。近年来，我国青少年心理健康问题引发了越来越多的社会关注，一些青少年出现焦虑、抑郁等情绪，严重影响了他们的生活和学习，个别问题甚至发展成精神疾病（如抑郁症和焦虑症）(Chi et al., 2020; Bai et al., 2020)。青少年出现的这些心理问题引起了很多教育者和研究者的注意，许多学者针对青少年的问题心理和行为进行研究和探讨，并产生了丰富的学术成果。但与之形成鲜明对比的是，较少有研究关注青少年积极品质的发展。而正如世界卫生组织对心理健康含义的阐述所言，心理健康不仅仅是没有心理障碍，而更应当是一种幸福的状态 (World Health Organization, 2018)。因此，我们不应该只关注青少年在发展过程中出现的待解决的各种问题，而更应该关注他们待发展的潜在的积极的心理资源。积极品质是青少年蓬勃发展，应对成长挑战的内在资本。

2.1.1　青少年积极品质的概念

青少年积极品质是指那些有利于青少年当下及未来的幸福和成功，有利于青少年抵御成长风险，有利于青少年对他人和集体做出贡献的心理特征。基于积极青少年发展观 (positive youth development perspective)，当前已有一些涉及青少年积极品质成分的模型，包括5C模型、24项品格优势模型、4-H模型、发展资源模型、社会情感学习模型以及Catalano等提出的15个维度模型 (Shek et al.,2019)。尽管不同研究者对青少年积极品质的分类及命名存在差异，但基本上所有的积极心理品质模型都具有以下共性特征：第一，这些品质都可以在青少年身上观测到；第二，这些品质有利于青少年未来的幸福；第三，这些品质有利于青少年抵御生活中可能遭遇的发展风险，帮助青少年度过人生中的逆境；第四，这些品质在青少年阶段具有一定程度的可塑性(盖笑松 等2013)。鉴于这些特点，青少年积极品质的理论、研究和应用对于提高青少年生活质量具有重要意义。

2.1.2　理论基础

在青春期，青少年的成长领域，即家庭、学校、同伴和个人领域，通常会发生较大的变化。所以，处于青春期的青少年通常容易受到一些不良情绪和问题行为的困扰(Chi et al., 2020; Chi et al., 2020)。因此，大部分关注青少年发展的研究都是基于关注风险因素的“缺陷观”进行的。这种观点认为青少年倾向于不健康发展，认为他们会不可避免地受到各种问题心理和问题行为的困扰(Hall, 1904)。但随着积极心理学的兴起和发展系统论的日渐完善，关注积极因素的“优势观”逐渐受到青少年发展研究领域的研究者的关注，其中一个得到广泛认同和使用的理论就是积极青少年发展观。积极青少年发展观是基于优势的视角，以积极的方式看待青少年发展，强调激发和提升青少年内部的积极品质，从而使他们具有能够适应成长过程中的变化、应对成长过程中的挑战的能力，着重于青少年的整体健康发展过程。自青少年积极品质发展概念提出以来，许多研究者已经就其内涵和影响等方面做了大量的研究。此外，有丰富的文献说明了青少年积极品质发展及对其干预项目的积极效应。例如，青少年积极品质发展水平对于青少年问题行为具有显著的预测作用，积极品质发展水平高的青少年倾向于表现出更少的问题行为(Catalano et al., 2016; Jelicic et al., 2016)。

2.1.3 青少年积极品质的发展轨迹及其异质性

此前已有研究发现，进入青春期后，青少年的积极品质或行为水平处于下降状态，包括自我概念受到抑制、学业参与度下降，等等(Wang et al., 2012; Wigfield et al., 1991)。但同时也有一些研究发现了较为积极的结果，例如有研究者发现青少年的适应功能和积极品质的水平在进入青春期后先下降后上升，也有研究者发现如坚持性、自制性等积极品质的水平一直处于逐渐上升的状态(Hilliard et al., 2014)。基于追踪数据(Bowers et al., 2010)，Phelps等（2017）发现学生群体中，青少年积极品质发展的整体水平在5年级到7年级之间处于逐渐下降状态，但有超过60%的学生稳定处于中等以上水平；而当测量阶段扩展到5年级到10年级之间时，Lewin-Bizan 等发现超过50%的学生的积极品质发展水平先是呈现上升的趋势，之后稳定在中等以上的水平(Lewin-Bizan et al., 2010)。值得注意的是，这两个研究除了关注样本的整体发展轨迹之外，同时还发现，即使是处于同一年龄段的青少年，也可能会出现不一样的积极品质发展轨迹。也就是说，青少年积极品质的发展轨迹可能存在着群体异质性，每个亚群组呈现出不一样的发展轨迹。而上述提到的两个研究分别发现了五个和四个亚群组，每个亚组的发展轨迹都与其他亚组存在显著的差异。因此，在讨论青少年积极品质的发展轨迹时，除了关注群体样本的整体水平变化之外，我们还应当同时关注其中可能存在的个体差异。

然而，在文献检索的过程中，我们发现多数关于青少年积极品质发展轨迹的现有研究都是基于西方样本完成的。在中国文化背景下，对中国青少年样本进行分析的研究较少，结论不充分，尤其是对青少年积极品质进行追踪的研究还远远不够。因此，为了探究中国青少年的积极品质发展轨迹及其群体异质性，本研究试图采用一种以人为中心(person-centered)，能够有效区分出发展轨迹异质性的方法——潜变量混合增长模型 (latent growth mixture modeling, LGMM) (Jung et al. 2008)来对收集到的数据进行分析。LGMM可以用于分析群体中潜在的不同类别，假定一个类别有着相似但不完全相同的增长轨迹，即允许同一潜类别群体内部的个体存在方差变异(刘红云，2007)。相比于传统的增长模型，LGMM的这一独特优势能够帮助我们更准确地分辨不同个体之间的异质性，发现群体中的亚群组，以及了解各亚群组未来可能的发展方向。因此，本研究的第一个目的是使用LGMM对青少年积极品质的发展轨迹及其群体异质性进行分析和讨论。

2.1.4 青少年积极品质的相关因素

那么，是什么原因导致了青少年发展过程中的个体差异呢？青少年积极品质发展理论认为，每个青少年都有积极发展的潜能，当个人因素和环境因素彼此促进时，青少年便能够实现积极发展，拥有较高的积极品质发展水平；反之，当环境因素无法匹配青少年个人的发展需求时（如自主意识越来越强烈，越来越需要得到自主权等），青少年的积极心理功能可能会逐渐弱化。以往的实证研究也发现，个人因素（如性别、年龄）和家庭因素（如家庭结构、家庭功能）都会影响青少年积极品质的发展水平。青少年积极品质的发展轨迹有着显著的性别效应。具体而言，有研究发现女生比男生更有可能处于积极的发展轨迹上(Phelps et al., 2007)。年龄也是一个在青少年发展过程中起着重要作用的关键因素，例如已有研究发现不同年龄阶段的青少年具有不同的积极品质发展水平(Phelps et al., 2007)。所以，考虑到即便是同一年级的学生也会存在年龄差，本研究也会关注年龄在青少年积极品质发展轨迹中的作用。此外，以往研究也发现，青少年的家庭结构（即青少年是否生活于双亲家庭）和家庭功能对于他们的积极品质发展水平和随后的发展轨迹有着重要的影响(Shek et al., 2016)。因此，结合已有文献提供的信息，本研究纳入性别、年龄、家庭结构和家庭功能作为青少年积极品质发展轨迹的预测因素，用以解释青少年积极品质发展水平和发展轨迹中的个体差异。

2.1.5 问题提出

2.1.5.1 已有研究不足

近年来，关注青少年积极品质的研究者取得了很多有意义的研究成果，为青少年积极品质的培养提供了重要的参考资料。但通过回顾文献可以发现，现有的研究仍存在一些不足，有待进一步改善。首先，目前大部分研究均是基于横断面研究的数据来分析青少年的积极品质与青少年发展结果的关系，而较少有研究者进行追踪研究，探索青少年积极品质的发展轨迹。考虑到追踪研究可以帮助我们精准掌握青少年积极品质的发展变化及其规律，有必要对青少年的积极品质发展水平进行追踪研究，了解一般条件下的青少年积极品质发展轨迹，并且更深入地讨论青少年积极品质的发展特点，以实现对青少年积极品质发展的动态把握，为今后及时策划更高质量、更有针对性的青少年积极品质干预项目提供一定的理论和实证依据。其次，如前所述，关于青少年积极品质的现有研究多是在西方背景下进行的，仅有的基于中国文化背景的少量研究也只是基于中国香港青少年群体来进行分析的。例如，Shek和Lin（2017）发表了他们对中国香港青少年积极品质发展轨迹的研究成果，该研究通过分析对中国香港青少年群体进行的6年追踪研究的数据，揭示了该地区青少年积极品质的发展过程，但该研究关注的仍只是青少年积极品质整体的发展轨迹，并未分析发展轨迹中可能存在的个体差异。除此之外，基于内地文化背景，对于青少年积极品质的追踪研究仍然十分稀缺。而今，在粤港澳大湾区快速发展的背景下，粤港澳大湾区青少年的发展也得到了社会的广泛关注。然而，目前仍然缺乏对该区域青少年积极品质发展的深入研究。因此，在本研究中，我们选取深圳青少年样本为代表进行调查，以探究青少年在积极品质发展水平和轨迹上的差异。

2.1.5.2 拟研究的问题和意义

基于以上背景，本研究提出以下两个研究目标：① 在粤港澳大湾区快速发展的背景下，通过三年的纵向研究，了解深圳青少年积极品质的发展轨迹；② 考察个人因素（性别、年龄）和家庭因素（家庭结构、家庭功能）对青少年积极品质发展轨迹的影响，为今后促进青少年积极品质发展提供相应的理论支撑和实践建议。

2.2 方法

2.2.1 被试

被试的具体信息见“1.3.1研究对象”。

2.2.2 施测程序

具体程序见“1.3.2研究主要过程及活动”。

2.2.3 研究工具

研究工具包括青少年积极品质发展量表、家庭功能量表，以及社会人口学信息（年龄、性别等）问卷，具体工具使用介绍见“1.3.3研究工具”。

2.2.4 统计分析

首先，使用SPSS 26.0软件进行共同方法偏差检验，看本研究是否存在明显的共同方法偏差。随后进行数据分析，包括：① 社会人口学信息的描述性统计；② 皮尔逊相关分析，考察本研究中各个变量之间的相关关系；③ 重复测量方差分析，考察青少年积极品质发展轨迹在调查期间的稳定性。

之后，使用Mplus 8.0建立潜变量混合增长模型 (LGMM)，进行潜类别模型拟合性评估，分析青少年积极品质的发展轨迹是否存在异质性的潜类别差异。LGMM拟合的评价指标包括赤池信息准则（AIC）、贝叶斯信息准则（BIC）、样本校正的BIC（aBIC）、信息熵（entropy）、似然比检验指标（LMR）和基于bootstrap的似然比检验指标（BLRT）。AIC、BIC和aBIC的数值越小，表示模型的拟合程度越好(刘红云，2007)。entropy用于评价分类的精确度，取值范围为0—1，越接近1表明分类越精确(王孟成 等，2017)。LMR和BLRT两个指标用于比较k和k-1个类别的拟合差异，若LMR和BLRT的p值均达到显著水平，表明k个类别的模型比k-1个类别的模型拟合更好，若LMR和BLRT的p值不一致，应结合分类的实际意义和类别所包含的样本数来确定最终的潜在类别数目(王孟成 等，2017)。

在确定青少年积极品质发展轨迹的潜在类别后，以性别、年龄、家庭结构和家庭功能作为自变量，潜在类别作为因变量，建立多元logistic回归模型，检验性别、年龄、家庭结构和家庭功能对青少年积极品质发展轨迹潜在类别的影响。

2.3 深圳青少年积极品质的发展轨迹

2.3.1 共同方法偏差检验

本研究采用自编的人口统计学问卷、家庭功能量表和青少年积极品质发展量表对相关变量进行测量。由于三个问卷均来自学生的自我报告，为了避免共同方法偏差的影响，本研究采用Harman单因子检验法检验共同方法偏差效应。结果表明，特征值大于1的因子共有10个，第一个因子解释的变异量为31.7%（低于临界标准40%）(周浩 等，2004)，因此本研究受共同方法偏差的影响不大。

2.3.2 青少年积极品质发展的相对稳定性和绝对稳定性

2.3.2.1 描述性统计

表2-1列出了青少年积极品质发展水平在3个时间点的均值、标准差和相关系数。结果显示，均值和标准差都逐年升高。也就是说，青少年积极品质发展的整体水平随着时间推移呈现出上升趋势，个体间的差异随着时间推移而逐渐增大。

表2-1　深圳青少年的家庭功能和各时段积极品质发展水平的描述性统计及相关性分析

	家庭功能	PYD-T1	PYD-T2	PYD-T3
家庭功能	1			
PYD-T1	0.52^{***}	1		
PYD-T2	0.19^{***}	0.28^{***}	1	
PYD-T3	0.33^{***}	0.45^{***}	0.26^{***}	1
$M \pm SD$	4.07 ± 0.77	4.72 ± 0.68	4.83 ± 0.72	5.06 ± 0.77

注：PYD—青少年积极品质发展水平；T1—第一次测量；T2—第二次测量；T3—第三次测量。$^{***}p<0.001$。

2.3.2.2 相对稳定性

青少年在初一和初二的积极品质发展水平的相关系数为0.28($p < 0.001$)，在初二和初三的发展水平相关系数为0.26（ $p < 0.001$ ），在初一和初三的发展水平的相关系数为0.45（ $p < 0.001$ ）。根据相对稳定系数临界点的标准（相关系数低于0.3表明相对稳定性低，相关系数在0.3—0.5之间表明具有中等稳定性，相关系数高于0.5则表明相对稳定性高）(Cohen, 1977)，青少年积极品质发展水平在相邻两年间的稳定性较低，而在第一年和第三年间呈中等稳定性。

2.3.2.3 绝对稳定性

以测量时间为自变量，历次测量积极品质发展水平得分为因变量，进行重复测量方差分析。结果显示，时间的主效应显著（ $F_{(40.80, 0.36)} = 112.16$， $p < 0.001$，偏 $\eta^2 = 0.08$ ）。然后，分别对相邻时间点的积极品质发展水平进行配对样本t检验。结果表明，发展水平在初一、初二之间差异显著（ $t = -4.52$， $p<0.001$，Cohen' s $d = -0.15$ ），在初二、初三之间差异显著（ $t = -9.36$， $p < 0.001$，Cohen' s $d = -0.31$ ）。这表明三年间，深圳青少年的积极品质发展水平有显著的提升。

2.3.3 青少年积极品质发展轨迹的潜在类别

研究分别选取了1—5个潜在类别的混合增长模型，各项拟合指数见表2-2。从表2-2可知，潜在类别数目从1增加到5时，AIC、BIC、aBIC不断减小，entropy先增大后减小。当保留2类别模型时，entropy为0.88，LMR和BLRT均达到显著水平。与2类别模型相比，其他模型虽然AIC、BIC、aBIC更小，但存在人数比例少于1%的类别。因此，在综合考虑模型的简约性、准确性和实际意义之后，我们选择有2个潜在类别的分类模型作为深圳青少年积极品质发展轨迹中的最佳模型。从表2-3可知，每个类别中的被试（行）归属于每个潜在类别的平均概率（列）为81.7%和97.7%，说明2个潜类别的分类结果是可信的。

表2-2　潜变量混合增长模型（LGMM）拟合信息

模型	AIC	BIC	aBIC	entropy	LMR（*p*）	BLRT（*p*）	类别概率（%）
1C	8122.94	8164.31	8138.89	/	/	/	/
2C	**8041.40**	**8098.28**	**8063.33**	**0.88**	**0.012**	**＜0.001**	**95.3/4.6**
3C	7985.71	8058.10	8013.63	0.93	0.052	＜0.001	95.2/0.3/4.5
4C	7947.06	8034.97	7980.97	0.82	0.340	＜0.001	3.8/86.5/9.4/0.3
5C	7915.67	8019.09	7955.56	0.76	0.332	＜0.001	5.5/50.1/40.2/0.3/3.8

注：aBIC—样本校正的BIC (sample-size adjusted BIC)；LMR—似然比检验指标 (Lo-Mendell-Rubin)；BLRT—基于bootstrap的似然比检验。下同。

表2-3　潜在类别被试（行）的平均归属概率（列）

	C1(%)	C2(%)
C1	97.7	2.3
C2	18.3	81.7

注：C1—两个类别中的第一类；C2—两个类别中的第二类。下同。

我们进一步考察每个潜在类别的发展轨迹发现，C1的截距均值为4.78（*SE*=0.03, *t*=160.49, *p*<0.001），C2的截距均值为3.43 (*SE*=0.16, *t*=22.08, *p*<0.001) —— C1的青少年积极品质发展水平初始值得分（截距均值）较高，C2的初始值得分（截距均值）较低。通过每个潜在类别的斜率均值考察每个类别的发展斜率，C1的斜率均值为0.13 (*SE*=0.01, *t*=10.04, *p*<0.001), C2的斜率均值为0.81 (*SE*=0.17, *t*=4.80, *p*<0.001)。由图2-1可知，C1积极品质发展的初始水平较高，在发展过程中呈现出相对稳定的状态；而C2的初始水平较低，但之后处于逐渐上升的状态。由此，我们定义了两个潜在类别中的C1为高分组（95.4%），C2为进步组（4.6%）。

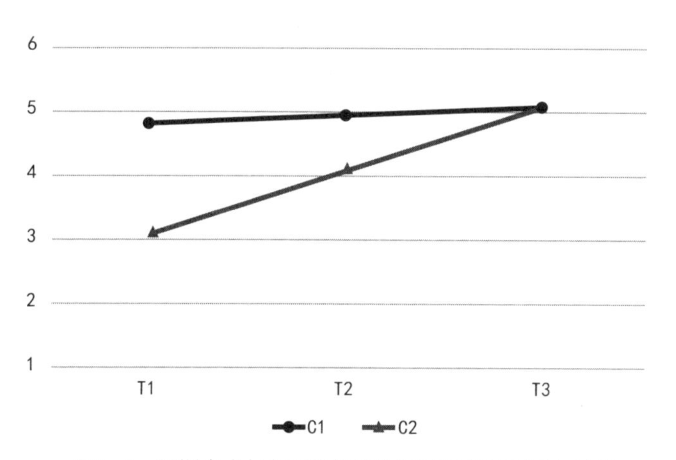

图2-1　深圳青少年各潜在类别被试的积极品质发展轨迹

2.3.4 青少年积极品质发展轨迹的影响因素

为了进一步探究个人因素和家庭因素对潜类别（因变量）的影响，我们将性别、年龄、家庭结构和家庭功能作为自变量引入logistic回归方程，以C1高分组作为参照组，*OR*值反映了各因素与潜在类别C2的关联强度。由表2-4可知，相比C1高分组，年龄较大和家庭功能较弱的深圳青少年更容易被判定归为C2进步组。

表2-4 人口学因素和家庭功能对深圳青少年积极品质潜在类别的logistic回归

类别	影响因素	*OR*	95% *CI*	*p*
C2进步组	性别（以男生为参照组）	0.80	[0.46,1.39]	0.424
	年龄	1.64	[1.11,2.44]	**0.013**
	家庭结构（以非双亲家庭为参照组）	1.06	[0.42,2.67]	0.896
	家庭功能	0.40	[0.30,0.54]	**<0.001**

注：以C1高分组为参照组。

2.4 讨论

2.4.1 青少年积极品质发展特点

在研究阶段的三年内，深圳青少年的积极品质发展水平保持相对稳定，并有小幅上升趋势，且大部分青少年都能保持在中等以上水平。分析群体异质性后，我们发现深圳青少年样本中存在两个亚组，分别是高分组（占95.4%）和进步组（占4.6%）。对深圳青少年积极品质的发展轨迹有显著影响的因素有年龄和家庭功能，其中年龄较大和家庭功能较弱的青少年更容易被判定归为潜在类别中的进步组。其中，家庭功能对青少年积极品质发展轨迹预测的显著性超过年龄，家庭功能较弱的青少年，其积极品质发展水平初始值低于家庭功能良好的同伴。

本研究发现深圳青少年的积极品质发展水平表现出相对稳定的特点，而且大部分青少年的发展水平均在中等以上。以往研究也发现，一般的适应性功能在青春期是相对稳定的(Geldhof et al., 2014)。青少年阶段是人生发展的关键时期，生理和心理都在发生剧烈变化。但青少年积极品质发展理论认为，尽管青少年进入青春期之后面临着各种困难和挑战，但青少年可以在这个过程中通过调节心理功能，保持心理功能的相对稳定，提升能力和发挥优势，最终得以顺利地完成青春期阶段的成长过程（Lerner, 2004）。此外，青少年自身之外的因素也是影响积极品质发展的重要方面。深圳有在中学开展综合实践活动课程，这种课程通常要求在校学生进行社区志愿服务活动，这种活动也许有利于培养青少年的各种心理社会能力，包括心理韧性、社会能力、情绪能力，等等，而这些能力正是本研究采用的积极青少年发展观的一些组成元素。事实上，大量研究结果也提出了这种观点，即参与志愿工作的青少年会比没有相关经历的青少年有着更好的学业适应能力，表现出更少的问题行为，而不论参与志愿工作是学校要求还是个人自发的（Moreno er al., 2013; Schmidt et al., 2007）。因此，我们建议学校和相关政府部门多给青少年提供参与志愿服务的机会，学生家长也可多鼓励青少年参与志愿活动，这都将有利于青少年积极品质的培养和发展。

本研究还发现，家庭功能对深圳青少年的积极品质发展水平有显著的影响，家庭功能较弱的青少年发展水平初始值低于家庭功能更好的同伴。家庭是青少年个体身心发展的重要场所。家庭功能可以被定义为家庭履行其功能——满足家庭成员的身体和情感需求——的能力（Eichelsheim, 2010）。家庭功能发挥得越好，其成员的心理状态和行为表现就越好，负面情绪和行为问题就越少。因此，较弱的家庭功能不仅和家庭危机的发生有关，因其通常无法满足青少年的发展需求，还通常与青少年的一些消极发展结果有着紧密的联系。以往研究发现，家庭危机和青少年感知到的父母控制与积极品质发展水平呈负相关，而青少年感知到的积极养育方式和丰富的家庭活动则与积极品质发展水平呈正相关（Mackova et al., 2019）。和谐的家庭环境、有效的沟通以及父母与孩子之间的相互支持，能够帮助青少年面对和解决遇到的挑战，从而利于青少年积极品质的发展（Cambron et al., 2017）；反之，如果家庭内部冲突不断，父母与孩子之间无法进行良好的沟通，将有碍于青少年积极品质的发展。因此，我们建议家长多关注自己和孩子的沟通，尽量避免在孩子面前发生冲突，营造和睦的家庭氛围，促进青少年积极品质的发展。

2.4.2 本研究的不足和展望

本研究也存在一定的不足。首先，本研究只追踪了青春期的前半段，即初中阶段，未来的研究可以持续追踪整个初高中阶段，以考察青少年期更为完整的发展轨迹。其次，本研究的青少年积极品质只是一个概括性指标，今后可以将考察变量进一步细分为内部指标，如认知行为能力、亲社会属性、积极认同等，考察个人与家庭因素究竟影响了哪些具体的积极品质，为有针对性的预防和干预指明方向。再次，本研究采用了由青少年填写问卷这种自我报告的形式，结果可能带有主观偏差，今后研究可结合他人报告（如父母、教师、同伴等）的多主体评定法，多方面考察青少年的积极品质概况。最后，本研究只包含了在校生，而无法测查到中途退学的青少年的发展轨迹；有研究指出，那些未能顺利完成初中阶段学习的青少年往往会呈现出不一样的发展轨迹（Janosz et al., 2008），因此，未来研究可以考察未能完成初中学业的青少年在积极品质上的发展轨迹。

2.4.3 本研究的启示

基于积极青少年发展观框架，本研究尝试考察青少年积极品质的发展轨迹特点，并探讨个人因素和家庭因素对青少年积极品质的影响。结果发现，样本中的深圳青少年都能维持中等以上的积极品质发展水平，家庭功能对青少年的积极品质发展轨迹有显著的预测作用。因此，在对青少年积极品质的培养过程中，学校教育者和社会工作者应当同时关注青少年成长的家庭环境，鼓励家庭成员之间营造融洽的氛围，多给予孩子支持和关爱。此外，深港两地的教育工作者可以多进行关于青少年积极发展的合作，多为两地青少年提供交流的机会，助力两地青少年的蓬勃发展。

2.5 结论

本研究采用纵向研究设计，通过对1301名深圳青少年进行为期三年的追踪研究，考察两地青少年积极品质发展轨迹及其与个体因素和家庭因素的关系，并讨论了该地区青少年在积极品质发展轨迹及其影响因素上的特点，得到以下主要结论：

（1）青少年积极品质发展水平得分及稳定性

在研究阶段的三年内，深圳青少年的积极品质发展水平保持相对稳定，并有小幅上升趋势，且大部分青少年都能保持在中等以上水平。

（2）青少年积极品质发展轨迹

分析群体异质性后，我们发现深圳青少年样本中存在两个亚组，分别是高分组（95.4%）和进步组（4.6%）。

（3）青少年积极品质发展的影响因素

对深圳青少年积极品质的发展轨迹有显著影响的因素有年龄和家庭功能，其中年龄较大和家庭功能较弱的青少年更容易被判定为潜在类别中的进步组。其中，家庭功能对青少年积极品质发展轨迹预测的显著性超过年龄，家庭功能较弱的青少年，其积极品质发展水平的初始值低于家庭功能良好的同伴。

参考文献

BAI Q, BAI S, DAN Q, et al., 2020. Mother phubbing and adolescent academic burnout: The mediating role of mental health and the moderating role of agreeableness and neuroticism [J]. Personality and individual differences, 155(5).

BOWERS E P, LI Y, KIELY M K, et al., 2010. The five Cs model of positive youth development: A longitudinal analysis of confirmatory factor structure and measurement invariance [J]. Journal of youth and adolescence, 39(7): 720-735.

CAMBRON C, KOSTERMAN R, CATALANO R F, et al., 2018. Neighborhood, family, and peer factors associated with early adolescent smoking and alcohol use [J]. Journal of youth and adolescence, 47(2): 369-382.

CATALANO R F, BERGLUND M L, RYAN J A M, et al., 2016. Positive youth development in the United States: research findings on evaluations of positive youth development programs [J]. The Annals of the American Academy of Political and Social Science, 591(1): 98-124.

CHI X, LIU X, HUANG Q, et al., 2020. Depressive symptoms among junior high school students in southern China: Prevalence, changes, and psychosocial correlates [J]. Journal of affective disorders, 274: 1191-1200.

CHI X, CUI X, 2020. Externalizing problem behaviors among adolescents in a southern city of China: Gender differences in prevalence and correlates [J]. Children and youth services review, 119.

EICHELSHEIM, 2010. The complexity of families: Assessing family relationships and their association with externalizing problems [M]. Utrecht: Labor Grafimedia BV.

GELDHOF G J, BOWERS E P, MUELLER M K, et al., 2014. Longitudinal analysis of a very short measure of positive youth development [J]. Journal of youth and adolescence, 43(6): 933-949.

HALL G S, 1904. Adolescence: Its psychology and its relations to physiology, anthropology, sociology, sex, crime, religion, and education [J]. American anthropologist, 6(4): 539-541.

HILLIARD L J, BOWERS E P, GREENMAN K N, et al., 2014. Beyond the deficit model: bullying and trajectories of character virtues in adolescence [J]. Journal of youth and adolescence, 43(6): 991-1003.

JANOSZ M, ARCHAMBAULT I, MORIZOT J, et al., 2008. School engagement trajectories and their differential predictive relations to dropout [J]. Journal of social issues, 64(1): 21-40.

JELICIC H, BOBEK D L, PHELPS E, et al., 2016. Using positive youth development to predict contribution and risk behaviors in early adolescence: Findings from the first two waves of the 4-H Study of Positive Youth Development [J]. International journal of behavioral development, 31(3): 263-273.

JUNG T, WICKRAMA K A S, 2008. An introduction to latent class growth analysis and growth mixture modeling [J]. Social and Personality Psychology Compass, 2(1): 302-317.

LERNER R M, 2004. Diversity in individual↔context relations as the basis for positive development across the life span: A developmental systems perspective for theory, research, and application (The 2004 society for the study of human development presidential address)[J]. Research in Human Development, 1(4):327-346.

LEWIN-BIZAN S, LYNCH A D, FAY K, et al., 2010. Trajectories of positive and negative behaviors from early- to middle-adolescence [J]. Journal of youth and adolescence, 39(7):751-763.

MACKOVA J, VESELSKA Z D, BOBAKOVA D F, et al., 2019. Crisis in the family and positive youth development: The role of family functioning [J]. International Journal of Environmental Research and Public Health, 16(10):1678.

MORENO M A, FURTNER F, RIVARA F P, 2013. Adolescent volunteering [J]. Jama Pediatrics, 167(4): 400.

PHELPS E, BALSANO A B, FAY K, et al., 2007. Nuances in early adolescent developmental trajectories of positive and problematic/risk behaviors: Findings from the 4-H study of positive youth development [J]. Child and adolescent psychiatric clinics of North America, 16(2): 473-496.

SCHMIDT J A, SHUMOW L, KACKAR H, 2007. Adolescents' participation in service activities and its impact on academic, behavioral, and civic outcomes[J]. Journal of youth and adolescence, 36(2): 127-140.

SHEK D T L, DOU D, ZHU X, et al., 2019. Positive youth development: Current perspectives [J]. Adolescent Health, Medicine and Therapeutics, 2019, 10:131-141.

SHEK D T L, LIANG J, LIN L, 2016. Socio-demographic and family predictors of moral competence in Chinese adolescents in Hong Kong: A six-wave longitudinal study [J]. International Journal on Disability and Human Development, 15(4): 433-442.

SHEK D T L, LIN L, 2017. Trajectories of personal Well-Being attributes among high school students in Hong Kong [J]. Applied Research in Quality of Life, 12(4): 841-866.

WANG M, ECCLES J S, 2012. Adolescent behavioral, emotional, and cognitive engagement trajectories in school and their differential relations to educational success [J]. Journal of research on adolescence, 22(1): 31-39.

WIGFIELD A, ECCLES J S, MAC IVER D, et al., 1991. Transitions during early adolescence: Changes in children's domain-specific self-perceptions and general self-esteem across the transition to junior high school [J]. Developmental psychology, 27(4): 552-565.

WORLD HEALTH ORGANIZATION, 2018. Mental health: Strengthening our response [EB/OL]. [2021-10-10]. https://www.who.int/news-room/fact-sheets/detail/mental-health-strengthening-our-response

盖笑松, 兰公瑞, 2013.大学生积极发展问卷的编制[J].心理与行为研究, 11(6): 786-791.

刘红云, 2007. 如何描述发展趋势的差异:潜变量混合增长模型[J]. 心理科学进展, 15(3): 539-544.

王孟成, 邓俏文, 毕向阳, 等, 2017. 分类精确性指数Entropy在潜剖面分析中的表现:一项蒙特卡罗模拟研究[J]. 心理学报, 49(11): 1473-1482.

王孟成,邓俏文,毕向阳,2017. 潜变量建模的贝叶斯方法[J]. 心理科学进展,25(10): 1682-1695.

周浩,龙立荣,2004. 共同方法偏差的统计检验与控制方法[J]. 心理科学进展,12(6): 942-950.

3
深圳青少年网络成瘾发展轨迹及其影响因素

摘要：网络成瘾一直是青少年心理健康领域的热点问题。以往研究表明，网络成瘾对青少年的学业和身心发展等方面造成了不良影响。尽管目前已有越来越多的研究关注到青少年的网络成瘾，但是关于青春期个体网络成瘾的发展轨迹存在一定的争议。本研究采用纵向研究设计，收集1301名深圳初中生三轮追踪研究数据，构建无条件潜变量混合增长模型探讨深圳市青少年网络成瘾的发展轨迹。同时，基于生态环境理论提出的个体发展模型，本研究通过构建逻辑回归模型进一步探讨个体因素与家庭因素对青少年网络成瘾发展轨迹的影响。结果表明：① 深圳青少年网络成瘾的发展轨迹可以对应3种异质性亚群，分别为网瘾恶化组（占3.87%）、网瘾风险组（占17.05%）和网瘾缓解组（占79.07%）。② 高家庭功能和高积极品质发展水平在深圳青少年中均表现为网络成瘾发展的保护性因素。③ 深圳青少年网络成瘾发展轨迹表现出显著的性别效应——相比于网瘾风险组，男性青少年更有可能处于网瘾缓解组。

关键词：网络成瘾；青少年；发展轨迹；影响因素；异质性亚群组

3.1 引子

学者威廉·米切尔曾预言，21世纪的人们将会居住在一个数字网络世界里。近年来，随着互联网的迅速发展，互联网逐渐成为人们生活中的必需品。相关资料显示，截至2020年6月，我国互联网用户数量已经高达9.40亿，较2020年3月增长高达3625万。其中，青少年用户（10—19岁）达到1.39亿人，占总用户的14.8%（中国互联网络信息中心，2020）。尽管互联网的使用可能会给个体带来众多积极意义，但是过度依赖互联网可能会造成诸如网络成瘾等不良后果(Chi et al., 2020)。青少年作为互联网用户中的主要群体之一，其网络成瘾问题日趋严重。研究表明，不同地区的青少年网络成瘾检出率介于6%—14%之间(雷雳 等，2007)，且在某些地区（如天津市）青少年群体已经成为网络成瘾检出率最高的群体(宋桂德 等，2008)。青少年网络成瘾问题在我国已经成为一个非常复杂的社会现象，不仅仅涉及个人，也涉及家庭、社会等多个层面的许多因素。此外，大量研究已经证明，网络成瘾与青少年的身体健康 (Tran et al., 2017)、学习成绩 (Kojima et al., 2019; Modara et al., 2017)，以及未来其它成瘾行为(Sun et al., 2012)和心理健康问题均具有高度相关性。因此，青少年群体网络成瘾行为是心理健康教育工作需要重点注意的问题。为有效指导预防和矫正青少年网络成瘾这一工作顺利进行，必须深入了解网络成瘾的发展轨迹及其影响因素。本文在总结以往研究的基础上，通过对初中生网络成瘾三年变化轨迹和影响因素的研究，尝试解释青少年网络成瘾这一现象发生和变化的某些原因，一方面为青少年网络成瘾的未来研究者提供理论借鉴，另一方面为青少年心理健康教育工作者提供实践思路和指导。

3.1.1 网络成瘾的概念

网络成瘾（internet addiction，IA），又被称为网络过度使用（internet overuse）或病理性网络使用（pathological internet use，PIU），是随着信息技术的发展而新出现的一种成瘾行为，这个概念最初由Goldberg等学者提出。学术界对于网络成瘾的定义仍然存在一定程度的争议。Young（1998a）认为网络成瘾指的是无法控制上网的冲动，导致对生活的各个方面造成不同程度的消极影响。Davis（2001）将病理性网络使用分为一般性和特殊性两个类别——特殊性是指个体PIU仅仅与网络使用其中的一个功能紧密相关，并且与网络的其它功能完全独立；一般性则指的是个体的PIU体现在网络使用的各个方面。国内学者箫铭钧（1998）认为患有网络成瘾的个体拥有强烈的上网欲望，且由于无法对上网行为进行控制而反复使用，并出现周期性的着迷状态、戒断、耐受和克制等并发现象。此外，雷雳和李宏利（2003）认为网络成瘾的个体在上网达到一定时长后仍然反复使用互联网，且在其认知功能、情绪情感功能、行为及生理活动受到严重伤害后仍然无法减少或停止使用互联网。世界卫生组织（WHO）发布的《国际疾病分类》第11次修订版（ICD-11）（WHO, 2018）以及中国国家卫生健康委员会发布的《中国青少年健康教育核心信息及释义（2018版）》将网络成瘾定义为个体在无成瘾物质作用下对网络使用冲动的失控行为，表现为过度使用互联网后导致明显的学业、职业和社会功能损伤。根据众多学者对网络成瘾的定义可见，网络成瘾对于青少年的生理、心理和社会行为表现等方面都会造成严重的损害。从生理层面来说，网络成瘾会对诸如睡眠、进食等生理机能造成严重的损害（孙志强，2011）；从心理层面而言，已有研究表明，网络成瘾的个体，其认知、记忆和语言等功能均受到不同程度的损害。例如，研究者贺金波等（2008）利用ERP技术发现网络成瘾者的听觉P300波幅显著低于正常群体。Pawlikowski和Brand（2011）的研究则表明网络成瘾的个体存在决策能力下降的情况，即在决策时仅考虑短期利益，而不顾长期的消极后果。从社会行为表现方面来说，网络成瘾会对青少年的学业产生消极作用（周梅，2009）。且网络成瘾的个体的共情水平较低，攻击行为较多，导致其人际信任和社交情况均不理想（王振，2009；余皖婉 等，2016）。

3.1.2 理论基础

基于大量的实证研究结果、临床案例和严密的逻辑推理，有学者提出了网络成瘾的病理心理机制——“失补偿”假说(高文斌 等, 2006)。该理论基于个体心理发展过程将青少年发展的基本过程分为三种：一是常态发展，即个体发展的顺利状态。二是发展受阻状态，即外因或者内因使个体发展受到影响——此时，个体可以选择通过建设性补偿激活心理自修复过程，从而恢复常态发展；但是，如果个体采用病理性补偿方式，最终会发展为失补偿，从而导致偏差或者中断。三是发展中断，即发展受阻状态无法得到改善而导致的中断。该理论认为网络使用是青少年心理发育过程中受阻时的补偿表现。如果个体使用的是“建设性补偿”，则可以顺利完成补偿，恢复常态发展，即正常上网行为。相反，如果个体采用的是“病理性补偿”，则会引起失补偿，导致发展中断，即网络成瘾行为。

此外，Kardefelt-Winther（2004）提出的心理需求的网络满足补偿模型是解释网络成瘾成因的重要理论模型。该理论认为，青少年的上网行为是受心理需求驱使的。个体在满足心理需求时会谋求不同的方式，并且对这些方式进行比较。网络的使用可以补偿青少年个体在现实生活中遭受的心理挫折，起到了心理补偿的作用。当他们发现网络满足途径优于现实满足途径后，则倾向于通过上网而非其他途径来满足心理需求，从而增加了网络成瘾的危险。

3.1.3 青少年网络成瘾的发展轨迹

3.1.3.1 一般发展轨迹

尽管目前已有越来越多的研究关注到青少年的网络成瘾，但是关于青春期个体网络成瘾的发展轨迹存在一定的争议。一种观点认为，网络成瘾的发展轨迹呈现出稳定性（Huang, 2010）。一种可能的原因是网络成瘾与稳定的人格特征具有高度的相关性。有研究发现，高度神经质的个体更倾向于通过使用互联网来获得归属感，而外向性更高的个体更可能将互联网当作具有利用价值的工具（Amiel et al., 2004; Dalbudak et al., 2014）。这表明不同的人格特质可能对应着不同程度的网络依赖性和不同类型的使用目的，进而使网络成瘾因人格特质的不同而表现出具有稳定性的个体差异。另一种可能的原因是网络成瘾与现存的社会心理问题同样具有密切的关系。抑郁症和焦虑症作为常见的心理障碍，表现出长期的稳定性（Lovibond, 1998）。大量研究已经证实抑郁和焦虑可以显著预测网络成瘾（Ko et al., 2009; Yao et al., 2013），且一项纵向研究发现焦虑和网络成瘾的关系具有稳定性（Stavropoulos et al., 2017）。此外，目前已有研究指出抑郁、焦虑与网络成瘾往往会同时发生，且这种共病通常会导致持续较长时间的疾病负担以及严重的精神症状（de Vries et al., 2018; Wang et al., 2018）。这些证据均暗示着网络成瘾可能由于社会心理问题的影响而呈现稳定的发展态势。

相反，另外一种观点则认为青少年的网络成瘾发展轨迹随着时间的流逝会发生变化，这种变化既有可能呈现上升趋势，也有可能呈现下降趋势。究其原因，可能是一些特定的、负面的生活事件的发生，导致某些青少年通过使用互联网的方式逃避现实生活中的困难，但是随着时间的流逝和对互联网熟悉程度的提高，网络对其的吸引力会逐渐减弱甚至消失（Armstrong et al., 2000; Widyanto et al., 2004），这暗示着网络成瘾可能只是一种短暂出现的行为现象，其发展轨迹呈现下降的趋势。但另外一部分学者断言，青少年期的个体处于从童年期向成年期过渡的重要时期，个体在这个时期会经历生理、心理和社会发展多方面的变化，但是由于青少年缺乏一定的应对经验，认知水平发育也尚未成熟，容易受到外界因素的影响，所以更有可能出现网络成瘾等行为和心理问题（Young, 2004）。加之随着年龄的增长，来自学校、家庭方面的压力源也逐渐增多，导致网络成瘾的发展轨迹可能呈上升的趋势（Mubarak et al., 2019）。因此，本研究将进一步探讨青少年的网络成瘾的发展轨迹，即发展轨迹是保持稳定还是发生变化，以及如果发生变化的话，呈现的是哪种趋势。

3.1.3.2 异质性亚组发展轨迹

同时，关于青少年群体网络成瘾的异质性同样不容忽视，即并非所有个体都遵循相同的发展轨迹，其中可能存在群体异质性和个体差异性（Zhou et al., 2018）。大部分研究通常使用传统的增长模型对青少年网络成瘾的轨迹进行探讨，但遗憾的是，这种模型往往忽略了群体的异质性，即不认为青少年个体有着不同的增长轨迹。实际上，在最近的很多研究中，学者们使用潜变量混合增长模型（latent growth mixture model, IGMM）——该模型允许同一群体中存在不同的潜类别，每个潜类别有着相似但不完全相同的增长轨迹——发现，青少年的网络成瘾发展变化走向具有内部差异。在国外，Hong等学者（2014）根据韩国青少年被试在线游戏时间的纵向数据将其分为4个亚组——稳定组、下降组、上升组和鲜少使用组；King等学者（2013）通过澳大利亚青少年玩网络游戏的时间的追踪数据将其分为正常组和问题组，且两组的游戏时间均呈现下降的趋势。在中国，高婷婷（2020）将长春市高中生群体分为危险组和正常组两个类别，其中危险组的游戏时间呈现上升的趋势，正常组的游戏时间呈现下降的趋势。有学者（Yang et al., 2020）基于网络成瘾发展轨迹将经历汶川地震后的青少年群体分为4个亚组：缓慢上升组、稳定上升组、急剧下降组、急剧上升组。这种模型有助于未来区别不同个体之间的异质性、发展趋势以及影响差异产生的因素，为网络成瘾的识别和干预提供了实证依据。然而，目前这类型的研究，尤其是在国内青少年早期群体开展的研究仍然较为匮乏。据此，本研究将使用潜变量混合增长模型，通过对深圳市青少年的网络成瘾三年追踪数据的分析，探讨青少年群体的潜在类别发展轨迹。

3.1.4 青少年网络成瘾的相关因素

本研究同样关注到青少年网络成瘾形成及发展轨迹的影响因素。生态环境理论提出的个体发展模型认为，个体嵌套于一系列环境系统之中，系统与个体相互作用并影响着个体发展。其中家庭环境处于与个体直接接触的微观系统的核心位置，是影响青少年发展最为重要的环境因素（Bronfenbrenner, 1977）。因此本研究主要从个体因素与家庭因素两个方面着眼，来探讨青少年网络成瘾及其发展轨迹的影响因素。

在个人因素方面，青少年积极品质发展理论为探讨促进青少年发展的心理结构提供了一个较为全面的框架。该理论采用积极心理学取向，从优势而非问题或危险行为的角度来理解和定义青少年发展的资产、能力和潜力（Amodeo et al., 2007）。目前被广泛讨论的青少年积极品质发展框架由Catalano等学者（2002）提出，包括与他人联结、心理韧性、社交能力、积极认同等15个维度。许多研究认为青少年较低的积极品质发展水平可能与暴力行为、物质滥用、违法行为、抑郁、焦虑等多种内外化问题行为密切相关（Bonell et al., 2016; Jelicic et al., 2007; Kozina et al., 2020）。具体到积极品质与网络成瘾的关系，一项针对中国香港中学生的6年追踪研究表明，学生初一时的积极品质水平可显著负向预测高三时的网络成瘾程度（Shek et al., 2016）。以中国内地中学生为被试的横断研究也发现了积极品质水平与网络成瘾程度的显著负相关（Chi et al., 2019）。但目前尚未有针对中国内地中学生积极品质与网络成瘾关系的纵向研究。

此外性别和年龄也被认为是与网络成瘾形成和发展相关的个人因素。网络成瘾的性别效应受到诸多学者的关注（Greenberg et al., 1999）。Hong等学者（2014）的研究表明由于网络游戏广告投放的目标群体多为男性，因此男性使用互联网的频率可能更高，导致更有可能表现出网络成瘾；但是同样有研究表明网络成瘾及其发展轨迹无显著的性别差异（雷雳 等，2003；高婷婷，2020）。因此，网络成瘾的性别效应仍然需要进一步探讨。网络成瘾的年龄效应目前尚无定论，但由于学生群体处于特殊的人生发展阶段，以往对网络成瘾的研究大部分都集中在学生群体中（Kuss et al, 2013）。一项在中国台湾进行的涉及各年龄群体的横断研究表明，性别为男性是网络成瘾的显著风险因素（Wu et al., 2015）。因此本研究也将探讨性别和年龄对网络成瘾及发展轨迹的影响。

在家庭因素方面，以往研究表明家庭功能和家庭结构可能与网络成瘾的形成与发展相关。家庭功能的内涵较广泛，在以往研究中，家庭成员的监护、家庭凝聚力和良好的养育态度等被认为是青少年网络成瘾的保护因素，而消极的父母养育方式、家庭暴力、父母的婚姻冲突等则可能成为网络成瘾的风险因素（雷雳，2016；Young, 1998b）。因此，网络成瘾的青少年群体家庭功能水平更低，且非成瘾青少年组的家庭功能得分显著高于成瘾组（程绍珍 等，2007；Shi et al., 2017）。家庭完整度也可能在青少年网络成瘾中发挥作用。在不完整家庭中成长的青少年可能比家庭完整的青少年表现出更多风险行为（韩俊生，1998; 刘赟，2019）。也有研究发现家庭不完整是青少年网络成瘾的风险因素之一（Xu et al., 2014）。

青少年网络成瘾作为目前突出的社会现实问题，其对青少年造成的不良影响是较为严重的。粤港澳大湾区作为国内经济发展水平较高的区域，网络的普及和使用程度均居国内城市中的前列，网络成瘾出现的概率也可能较高。因此，关注网络成瘾，尤其是青少年网络成瘾显得至关重要。基于上述社会和研究背景，本研究选择深圳青少年为代表，对其网络成瘾发展的轨迹和影响因素进行深入探讨，不仅可以更深入了解青少年网络成瘾现状，也为青少年发展提供相应的理论与实证支持，而目前这方面的研究较少。因此本研究对深圳市青少年进行三年三批次的网络成瘾追踪调查，探讨青少年网络成瘾的发展轨迹及其影响因素。

3.2 方法

3.2.1 被试

被试的具体信息见“1.3.1研究对象”。

3.2.2 施测程序

具体程序见“1.3.2研究主要过程及活动”。

3.2.3 研究工具

研究工具包括青少年积极品质发展量表、家庭功能量表、网络成瘾量表，以及社会人口学信息（年龄、性别等）问卷，具体工具使用介绍见“1.3.3研究工具”。

3.2.4 统计分析

首先，采用SPSS进行描述性统计和相关性分析。其次，进行潜变量混合增长模型（LGMM）分析，分为两个步骤。第一步是采用Mplus 8.0进行潜类别模型拟合性评估，分析青少年网络成瘾的发展轨迹是否存在异质性的潜类别差异。LGMM的检验指标包括：① 信息指数：赤池信息准则（AIC）、贝叶斯信息准则(BIC)、样本校正的BIC (aBIC)、信息熵（entropy）；② 检验统计量：似然比检验指标 (LMR) 和基于bootstrap的似然比检验指标（BLRT）。根据“entropy更高，AIC、BIC和aBIC更低者，LMR和BLRT两个指标 P 值达到显著水平，模型拟合效果更好”的原理，确定最优类别模型（张洁婷 等，2010）。第二步是采用SPSS 24.0进行无序多元logistic回归分析，了解性别和家庭因素对青少年网络成瘾发展轨迹潜在类别的影响。在获得网络成瘾发展轨迹的最佳潜在类别划分结果后，以其作为因变量，性别和家庭因素（家庭结构和家庭功能）作为预测协变量，建立回归模型。

3.3 深圳青少年网络成瘾的发展轨迹

3.3.1 共同方法偏差检验

虽然本研究采用了匿名作答和反向计分等方法在测试程序方面进行了控制，但由于其测评方式均为自我报告的问卷形式，仍可能存在共同方法偏差（周浩 等，2004）。因此，采用Harman单因素检验法对本结果进行检验。结果显示，共有15个因子的特征根大于1，其中最大因子解释的变异量为15.42%，远小于临界标准40%，由此可以推断本研究不存在显著的共同方法偏差。

3.3.2 青少年网络成瘾的相对稳定性和绝对稳定性

3.3.2.1 描述性统计

表3-1为3个时间点网络成瘾得分的均值和标准差。结果显示，3次测评中，网络成瘾均值在T2最高，其次为T1，T3最低；标准差逐年增加，说明青少年个体间的网络成瘾得分差异逐年增大。初一的网络成瘾青少年占14.1%，初二上升至15.6%，初三又下降至14.9%。

3.3.2.2 青少年网络成瘾的相对稳定性

相关性分析结果显示（见表3-1），青少年初一和初二时网络成瘾得分的相关系数为0.25（$p < 0.01$），初二和初三时网络成瘾得分的相关系数为0.22（$p < 0.01$），初一和初三时网络成瘾得分的相关系数为0.39（$p < 0.01$）。根据相对稳定系数临界点的标准（徐夫真，2012），相关系数在0.3—0.5之间表明具有中等稳定性，相关系数低于0.3则意味着相对稳定性低。因此，网络成瘾得分在相邻两年间的稳定性较低，而在第一年和第三年之间呈中等稳定性。

表3-1 各时间点网络成瘾得分描述性统计及相关性分析

变量	*M*	*SD*	T1	T2	T3
T1	1.54	1.99	1		
T2	1.61	2.00	0.25**	1	
T3	1.46	2.15	0.39**	0.22**	1

注：T1=首次测量；T2=第二次测量；T3=第三次测量。
**$p < 0.01$。

3.3.2.3 青少年网络成瘾的绝对稳定性

采用重复测量方差分析，以测量时间为自变量，三次测量的网络成瘾得分作为因变量，探讨青少年网络成瘾的绝对稳定性。结果表明，网络成瘾的时间主效应不显著（F=2.47，$p > 0.05$，偏 $\eta^2 = 0.002$），表明青少年三年时间网络成瘾得分变化较小。之后分别对相邻时间点的网络成瘾得分进行配对样本t检验，结果表明，网络成瘾在初一、初二之间差异不显著（$t = -1.06$，$p > 0.05$），在初二、初三之间差异显著（$t = 2.08$，$p < 0.05$）。这表明从初一到初二，青少年网络成瘾得分比较稳定；从初二到初三，网络成瘾得分略有降低，但差异程度较小。

3.3.3 潜变量混合增长模型分析结果

研究分别选取1—5种类别的潜变量混合增长模型 (LGMM) 进行模型拟合度分析，模型依次为单类别模型、双类别模型、三类别模型、四类别模型、五类别模型。各项拟合指数见表3-2。在模型比较中，各项拟合指数逐步下降，至三类别模型时下降速度呈现变缓的趋势。LMR与BLRT的结果并不一致，在所有模型中，BLRT均达到显著水平，而LMR在四类别模型时p=0.09，提示三类别模型更佳。随着类别数目增加到5个时，LMR达到显著水平，但此时的类别概率差异较大，其中最小的为1.74%（n=22）。因此，综合多方信息最后选择保留三类别模型，三个潜在类别（C1, C2, C3）的平均归属概率［见表3-3，即各类别中的青少年（行）归属到各潜在类别（列）的平均概率］分别为98.3%、92.0%和92.6%，说明分类结果是可信的。

在此基础上，进一步考察三个潜在类别的发展轨迹特征。在LGMM分析中，截距(α)和斜率(β)均存在均值和方差两个参数。截距(α)因子的均值用于描述个体的平均初始状态，而截距(α)因子的方差则反映个体在特定时间点之间的差异程度，即方差值越大，说明个体间的初始差异越明显。斜率(β)因子的均值表示的是各个时间点之间的平均增长率，而斜率(β)因子的方差则反映个体间增长率的差异大小，即方差值越大，个体间发展轨迹的差异越明显（王孟成，毕向阳，叶浩生，2014）。

研究结果表明，三个潜在类别的截距(α)均值分别为C1: 1.37 (SE=0.06, t=24.25, p<0.001); C2: 2.18 (SE=0.16, t=13.67, p<0.001); C3: 3.19

表3-2　潜变量混合增长模型（LGMM）拟合信息

类别	*K*	Log(L)	AIC	BIC	aBIC	entropy	LMR（*p*）	BLRT（*p*）	类别概率(%)
C1	8	−7951.10	15918.20	15959.35	15933.93	—	—	—	—
C2	11	−7703.47	15428.94	15485.52	15450.58	0.93	<0.001	<0.001	12.16/87.84
C3	**14**	**−7574.42**	**15176.83**	**15248.85**	**15204.37**	**0.93**	**0.0014**	**<0.001**	**79.07/17.06/3.87**
C4	17	−7469.52	14973.04	15060.48	15006.48	0.94	0.09	<0.001	21.96/2.61/8.92/66.51
C5	20	−7347.93	14735.86	14838.74	14775.21	0.98	<0.001	<0.001	8.77/4.42/66.27/1.74/18.80

表3-3　潜在类别被试（行）的平均归属概率（列）

	C1(%)	C2(%)	C3(%)
C1	98.3	1.70	0.00
C2	7.39	92.0	0.70
C3	0.00	7.4	92.6

(SE=0.48, t=6.68, p<0.001)。各潜在类别的截距(α)均值与其它类别均存在显著差异，C2组和C3组的网络成瘾得分初始值较高，而C1组的初始值得分相对较低。此外，通过斜率(β)的均值考察每个类别的平均增长率。三个潜在类别斜率β的均值为C1：−0.26 (SE=0.02, t=−13.14, p<0.001); C2: 0.62 (SE=0.08, t=7.79, p<0.001); C3: 1.63(SE=0.22, t=7.33, p<0.001)。结果显示，C1、C2、C3三组的网络成瘾得分随时间的变化均发生了显著的变化，且C2、C3组的网络成瘾水平随时间显著升高，C1组的网络成瘾水平随时间显著下降，但C3组的网络成瘾得分增长率较高，而C2组的网络成瘾得分增长率相对较低。三类别模型的增长轨迹见图3-1。

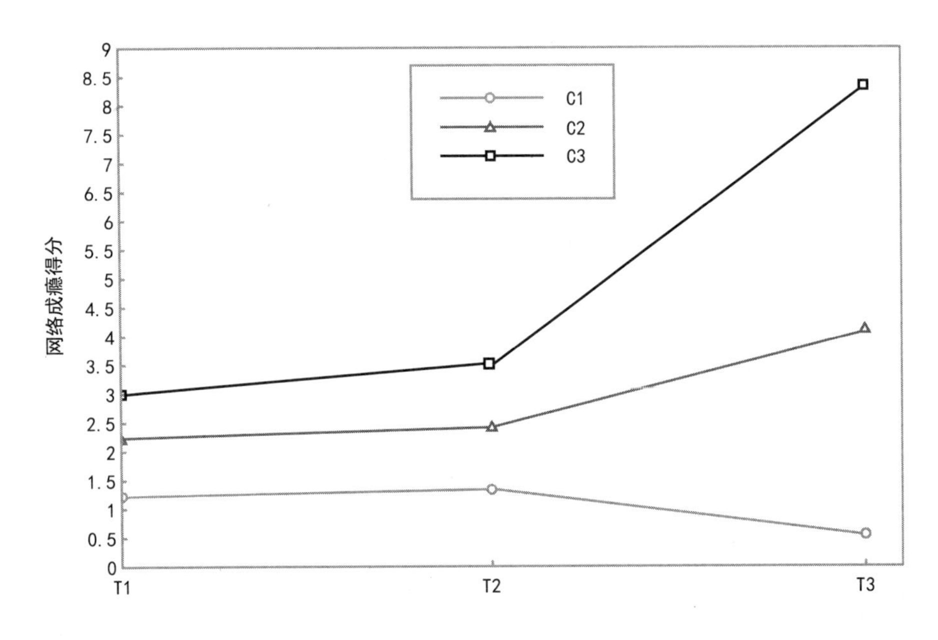

图3-1　三类别模型增长轨迹图

结合截距(α)和斜率(β)均值的分析结果，归纳总结出三个潜在类别的发展轨迹特征。C2组和C3组均呈现出高水平网络成瘾从低到高的显著变化，且C3组相较C2组在3个时间点间的初始水平差异和平均增长速度更明显。C1组呈现出低水平网络成瘾从高到低的变化，初始水平差异相对较低。基于此，本研究将三个潜在类别命名为：C1网瘾缓解组，样本占比79.07%；C2网瘾风险组，样本占比17.06%；C3网瘾恶化组，样本占比3.87%。

3.3.4 青少年网络成瘾发展轨迹的影响因素

为了考察深圳市青少年网络成瘾行为发展轨迹的影响因素，本研究在LGMM分析的基础上，进一步探讨多个因素对潜在类别发展轨迹的影响。以潜在类别的三类结果作为因变量，分别以性别（男生=1，女生=2）、年龄、家庭结构、家庭功能和青少年积极品质发展作为预测协变量进行无序多元logistic回归，得出odd-ration（OR）系数，用于反映各个因素分别在不同潜在类别中的效应大小。结果表明（见表3-4），相比于网瘾风险组，男性（OR=0.73, $p < 0.05$）、家庭功能水平较高（OR=1.59, $p < 0.05$）和积极品质发展水平得分较高（OR=1.01, $p < 0.001$）的青少年更有可能处于网瘾缓解组；而相比于网瘾缓解组，家庭功能低（OR=0.52, $p < 0.001$）和积极品质发展水平得分较低（OR=0.98, $p < 0.01$）的青少年更有可能处于网瘾恶化组。

表3-4 各影响因素对潜在类别的logistic回归分析

	网瘾缓解组(C1)vs. 网瘾风险组(C2)		网瘾恶化组(C3)vs. 网瘾风险组(C2)		网瘾恶化组(C3)vs. 网瘾缓解组(C1)	
	OR	95%*CI*	*OR*	95%*CI*	*OR*	95%*CI*
性别	0.73*	[0.54, 0.98]	0.78	[0.41, 1.47]	1.08	[0.60, 1.93]
年龄	0.94	[0.75, 1.19]	0.87	[0.52, 1.44]	0.93	[0.58, 1.48]
家庭结构	0.69	[0.38, 1.26]	0.89	[0.25, 3.20]	1.28	[0.39, 4.27]
T1 家庭功能	1.59**	[1.32, 1.90]	0.82	[0.57, 1.17]	0.52**	[0.37, 0.72]
T1积极品质发展水平	1.01**	[1.01, 1.02]	1.00	[0.99, 1.01]	0.98**	[0.97, 0.99]

注：$^{**}p < 0.01$。

3.4 讨论

本研究对深圳初中生的网络成瘾情况进行了三年三批次的追踪研究，运用潜变量混合增长模型对青少年的发展轨迹及其异质性进行分析，进一步探讨青少年网络成瘾情况随时间变化的发展趋势并试图从中总结一定的规律。同时，本研究考察了个体因素和家庭因素对青少年网络成瘾发展轨迹的影响。本文将基于研究结果进行深入讨论。

3.4.1 青少年网络成瘾基本情况

深圳市青少年的网络成瘾检出率介于14.1%—15.6%之间，这与它毗邻城市——香港，青少年网络成瘾检出率（20%）比较，相对乐观。这可能是因为深圳市中学对于学生的网络使用的监管更为严格，大部分中学对于学生的互联网使用时间和方式有严格的规定，所以初中阶段的青少年能够使用网络的时间较少，沉迷于网络的可能性也更低。但值得注意的是，本研究发现深圳青少年网络成瘾的得分和检出率均在中学第二年最高，较中学第一年高出1.5%，这提示我们，对于青少年而言，中学第二年很有可能是非常关键的时间点，本文将结合发展趋势进行进一步的讨论。

3.4.2 青少年网络成瘾的三个异质性群体

基于LGMM分析结果，本研究发现深圳青少年的网络成瘾呈现出群体异质性，即具有明显的类别特征。据此，本研究进一步探讨不同类别群体青少年网络成瘾的发展轨迹。结果表明，网络成瘾的发展轨迹可以对应三种异质性亚群，分别为网瘾恶化组、网瘾风险组和网瘾缓解组。

网瘾缓解组的被试占被试总人数的79.07%，其网络成瘾得分初始水平显著低于网瘾风险组和网瘾恶化组。该群组青少年的网络成瘾得分在三年追踪期间均表现出了一致的变化趋势，即在T1至T2阶段表现出较为稳定的趋势，在T2至T3阶段呈现缓慢的下降趋势。这说明较大比例的青少年网络成瘾水平较低，且多数青少年网络成瘾的风险水平中等偏低。网瘾风险组的被试占17.06%，其网络成瘾初始水平中等。该群组的青少年网络成瘾得分同样表现出在T1至T2阶段较为稳定，T2至T3阶段缓慢上升。因此，虽然该群体目前的网瘾得分处于中等水平，但是由于其上升趋势，该群组青少年仍然存在较高风险患上网络成瘾或网络成瘾程度加重。网瘾恶化组被试占3.87%，其网络成瘾初始水平显著高于另外两组。该组青少年虽然在T1和T2期间网络成瘾得分较为稳定，但是在T2到T3期间得分迅速上升。

相较于中学第二年到第三年的变化速率，三个群组的青少年在中学第一年到第二年期间网络成瘾得分均表现出较为稳定的趋势，这可能是因为对于学生而言，这个阶段为他们步入中学的适应性阶段，所面临的诸如环境改变、人际关系适应、学习压力增大等适应性问题也基本类似，所以这个阶段的网络成瘾与小学阶段所形成的人格特质或者前期的社会心理状况有很大的关系，表现出了具有稳定性的个体差异（Dalbudak et al., 2014; Lovibond, 1998）。与上述关于青少年网络成瘾得分基本情况的发现相呼应，通过对发展轨迹的分析和讨论同样发现中学第二年是关键的时间点，中学第二年之后，三个群组的青少年群体均发生了变化。对于网瘾缓解组而言，经过了适应性阶段后，该群组的青少年网络成瘾得分缓慢下降。这可能是因为他们在适应性阶段需要使用互联网来发展朋辈关系，当形成了稳定的朋辈关系友谊后，网络对其的吸引力可能会逐渐降低（Lee et al., 2001）。

而对于网瘾恶化组的青少年而言，中学第二年后网络成瘾水平急剧上升。这可能是因为这部分青少年在前期出现适应不良的情况，即学习成绩较差、无法形成较好的人际关系网络等。在中学第二年及往后，为了逃避这些负面体验，他们更倾向于通过过度使用互联网来逃避现实生活，并将其视作对抗适应不良的策略（Schimmenti et al., 2017; Yee, 2006）。这在一定程度上支持了网络满足补偿模型（Kardefelt-Winther, 2014）。为防止这部分学生网络成瘾水平持续恶化，他们应该成为学校心理健康教育和危机干预工作的重点关注和持续跟踪的对象，对于这部分学生的心理干预必须尽早介入，并综合运用心理咨询、朋辈和家庭支持等方式防范后续危机事件的发生。此外，对于网瘾风险组的青少年，网络成瘾得分在适应性阶段出现缓慢上升的趋势。根据“失补偿”假说，这可能是因为个体在适应性阶段进入发展受阻状态，网络成瘾得分升高既有可能是这部分青少年建设性补偿的方式，也有可能是病理性补偿的前期表现。具体的补偿方式需要进一步考察后续阶段网络成瘾得分的变化情况，若补偿完成后，青少年群体恢复到顺利发展的状态，则为建设性补偿；若引起失补偿，即网络成瘾得分持续升高，则为病理性补偿（高文斌 等，2006）。据此，这部分青少年同样应该成为需要学校和家长持续关注和开展针对性干预的群体。

3.4.3 青少年网络成瘾发展轨迹影响因素分析

在本研究中，相比网瘾风险组和恶化组，家庭功能良好的青少年更易进入缓解组。许多以往研究也证实了良好的家庭功能对网络成瘾以及其他问题行为的保护作用（Xu et al., 2014; 王秋英 等, 2020）。家庭功能对青少年网络成瘾发展的影响可能是多个维度的，依据Shek（2002）对家庭功能的维度划分，我们可以从家庭关系、冲突和沟通三个层面来解释家庭功能对青少年网络成瘾发展的影响。首先积极的家庭关系有利于青少年意志控制力和广泛的自我调节能力的形成，从而降低网络成瘾等外化问题行为的风险（Eisenberg et al., 2005）。另一方面青春期是人格形成的关键时期，家庭关系中缺少温暖和支持可能导致青少年形成网络成瘾的易感性人格。有研究发现青少年网络成瘾的发生与内向性、精神质、神经质等人格因素有关；同时有网络成瘾问题的青少年更多评价父母为缺少温暖，过度干预、惩罚和拒绝的（Wu et al., 2015; Huang et al., 2010）。家庭关系也可能对青少年的上网行为产生直接影响，即在负面的家庭氛围里，青少年更可能从网络中寻求社会连接与支持（Tichon et al., 2003）。家庭冲突也是一个被广泛讨论的青少年网络成瘾的预测因素（Yen et al., 2009）。有研究认为，父母之间的高冲突状态会导致父母对子女日常生活的参与和监控不足，青少年更可能不加控制地使用网络从而导致成瘾（Ary et al., 1999）。

另一方面，与父母有较多冲突的青少年更可能拒绝遵从父母的意见，包括不服从父母对其使用网络的监管（Wright et al., 2001）。而青少年过度使用网络的行为又可能加剧家庭的冲突而陷入某种恶性循环（Yen et al., 2007）。最后从沟通的角度而言，与父母的有效沟通有助于青少年缓解压力和孤独感，提高自尊，增强社会适应性和解决问题的灵活性（Xia et al., 2004）。这一系列积极的心理结果都可能降低网络成瘾发生的风险。相反，当家庭内部缺少积极沟通和支持性关系时，青少年则更可能通过网络渠道寻求连接。而网络环境中的沟通具有匿名性、即时性、高互动性的特点，为青少年提供了日常生活中难以获得的同步互动感和表达的自由，甚至是价值感和身份认同（Whang et al., 2004）。因而低家庭功能的青少年更可能从互联网产品中寻求兴奋、愉悦、亲密和尊重，以弥补家庭中沟通互动的不足（Lo et al., 2005）。如果缺少有效应对，则可能发展为网络成瘾。

青少年积极品质发展水平是本研究中网络成瘾发展的另一个保护因素。相比于网瘾风险组和恶化组，高积极品质发展水平的青少年更易进入缓解组。中国香港的研究者针对青少年网络成瘾现象进行了大量的研究，其中有不少证实了积极品质对网络成瘾的保护作用（Chung et al., 2019; Shek et al., 2016; Yu et al., 2013）。积极品质是多维度的心理结构而非单一心理特质，因而其作用机制是复杂的。高积极品质发展水平意味着青少年具有包括认知行为能力、亲社会属性、积极认同和一般积极品质在内的广泛的内在资源，从而能够建立有效的应对机制、拥有良好的人际关系、适应学校和社会生活，因而卷入各种问题行为、成瘾行为的风险较低（Rachel et al., 2010）。Catalano等“青少年积极品质发展”概念的缔造者认为这些内在资源才是预防和干预包括网络成瘾在内的多种青少年问题行为的关键（Catalano et al., 2002）。

由于“青少年积极品质发展”概念本身是基于对问题行为的预防和干预而提出的，本研究结果提示家长和教育工作者们，运用基于“青少年积极品质发展”的干预措施，将可能降低青少年网瘾风险或缓解网瘾行为。另一方面我们也不难发现，在本研究中，虽然高积极品质发展水平显著预测青少年进入网瘾缓解组，但其效应量是相对微弱的，家庭功能的保护效应（OR=1.59）大于积极品质（OR=1.01）。这一结果也提示，单纯依靠青少年积极品质发展架构的干预对中国青少年网络成瘾问题而言或难以达到理想的效果，同时也要考虑青少年所处的家庭环境因素。具体而言，重建亲密关系、缓解冲突、加强沟通或是提升家庭功能，从而预防或缓解青少年网络成瘾等问题行为的有效手段。

此外，本研究发现深圳青少年网络成瘾发展轨迹的影响因素还体现在性别差异上，男生更易进入缓解组，即网络成瘾风险更小，在以往的研究中男性性别常表现为网络成瘾的风险因素（Yu et al., 2013; Wu et al., 2015），但也有部分研究发现中学阶段女生更容易有网络成瘾问题。譬如一项德国的研究表明，14至16岁的女生相比同年龄的男生网络成瘾发生率更高（17.2%）（Attrill et al., 2016）。另一项针对韩国12至18岁中学生的全国性调查则发现，有抑郁、心境低落等情绪困扰的女生，相比有同样情绪问题的男生，网络成瘾风险更高（Ha et al., 2014）。

本研究中深圳地区女生呈现更高的网络成瘾风险，或可由青春期男女生的不同发展特点来解释。处于青春期的男女生均面临着身心巨变带来的压力和内心冲突，且女生比男生承受更多恶劣心境或抑郁症状的困扰（Nolen-Hoeksema, 2016; Zahn-Waxler et al., 2008）。而生理差异和性别角色社会化的过程使得男女生表现出不同的压力应对机制，譬如女生使用更多的情感策略，更倾向于表达悲伤情绪，而男生倾向于分散注意力或以外化行为表达愤怒情绪（Chaplin et al., 2005）。这一性别差异性也体现在互联网的使用模式上，即女生将互联网作为情绪表达出口，而男生更倾向于进行形式较激烈的娱乐活动。该推论也得到一些实证研究的支持，譬如在针对韩国中学生的调查中就发现女生最常进行的网络活动是聊天和写博客，而男生最常进行的活动是玩游戏（Ha et al., 2014）；一项综合了全球49项网络游戏成瘾研究和38项社交媒体成瘾研究的元分析也证实，男性比女性更大可能表现出游戏成瘾（g= 0.479），但更小可能表现出社交媒体成瘾（g = 0.202）（Su et al., 2020）。而同时由于中学生仍处于家庭、学校和社会的多重监管之中，尤其网络游戏是被重点监管的项目（刘建银，周轶，2013），因此相比网络游戏，学生更容易获得社交媒体资源，也更可能被批准使用社交媒体。综合上述分析不难理解，青春期的特点使女生情绪更脆弱，同时更可能，也有更多机会使用网络社交媒体，而抑郁与网络成瘾常表现为共病（Kuss et al., 2016），有网络成瘾或抑郁问题的女生可能会陷入两者互为因果的恶性循环，因而女生相比男生更容易产生网络成瘾问题。

3.4.4 本研究的不足和展望

本研究虽然已取得一定的阶段性成果，但仍然存在一定的局限。首先，本研究未涵盖青春期所有年龄段的被试群体，未来研究将进一步扩大研究范围和研究样本，获取更具代表性的研究对象。其次，青少年网络成瘾的影响因素除本研究所涉及的之外仍然存在很多，如父母教养方式、同伴越轨行为等，今后研究可以进一步纳入更多相关因素进行考察。最后，本研究只采用了青少年自我报告方式，缺乏家庭及学校成员的相关数据，未来研究可以纳入多主体视角进行研究。

3.4.5 本研究的启示

本研究探讨深圳青少年网络成瘾发展轨迹及其影响因素。结果表明，网络成瘾的发展轨迹可以对应三种异质性亚群，分别为网瘾恶化组、网瘾风险组和网瘾缓解组，且初中二年级为三个群组的重要转折时间点。高家庭功能和高积极品质发展水平表现为网络成瘾发展的保护性因素。此外，青少年网络成瘾发展轨迹的影响因素存在显著的性别差异。因此，学校教育者和社会工作者应该重点关注初中二年级青少年的网络成瘾发展情况，围绕家庭功能和积极品质发展，为处于网络成瘾风险组和恶化组的青少年制订有效干预方案且提供必要的帮助。

在本研究中，家庭关系和积极品质发展水平对深圳青少年被试群体表现为网络成瘾的保护因素。该研究结果提示，为避免或缓解青少年的网络成瘾行为，学生家长和教育工作者或可从提升家庭功能和提高青少年积极品质发展水平等方面采取措施或予以干预。以往研究提示，家庭功能可以从重建家庭亲密关系、缓解家庭冲突、加强家庭成员的沟通三个方面加以提升（Shek, 2002）。另外，提升积极品质发展水平作为更全面综合的干预科学方向的更广泛运用的一部分，已经为青少年教育和心理健康从业者提供了一套完善的干预工具（Catalano et al., 2002）。其策略不仅是关注问题，而是从促进与他人联结、复原力、社交能力、情感能力、认知能力、行为能力、道德能力、自断力、自我效能、积极的身份认同、建立目标和决策能力，以及亲社会行为等多个方面着手，提升青少年积极品质发展水平，从而从根源上减少青少年包括网络成瘾在内的多种问题行为。此外，在运用以上两个保护因素进行干预时，家校之间的良性沟通与协作都将是有益和必要的。

3.5 结论

本研究采用纵向研究设计，通过对1301名深圳青少年进行为期三年的追踪研究，考察青少年网络成瘾发展轨迹及其与家庭功能和个体因素（青少年积极品质发展）的关系。得到了以下主要结论：

（1）网络成瘾得分及稳定性

三次测评的网络成瘾均值在T2最高，其次为T1，T3最低。三个时间点的标准差逐年增加，说明青少年个体间的网络成瘾得分差异逐年增大。初一的网络成瘾青少年占14.1%，初二上升至15.6%，初三又下降至14.9%。网络成瘾的得分和检出率均在中学第二年最高，比中学第一年高1.5%，这提示我们对于青少年而言，中学第二年很有可能是非常关键的时间。网络成瘾得分在相邻两年间的稳定性较低，而在初一和初三间呈中等稳定性。

（2）网络成瘾发展轨迹

分析群体异质性后，我们发现深圳青少年样本中存在三个亚组，分别是网瘾缓解组（占79.07%）、网瘾风险组（占17.06%）和网瘾恶化组（占3.87%）。

（3）网络成瘾影响因素

首先，深圳青少年网络成瘾发展轨迹表现出显著的性别效应。相比于网瘾风险组，男性青少年更有可能处于网瘾缓解组。其次，家庭功能和积极品质发展水平对青少年网瘾的发展轨迹也有显著的影响，即家庭功能较高和积极品质发展水平得分较高的青少年更可能处于网瘾缓解组（相比于网瘾风险组），家庭功能较低和积极品质发展水平得分较低的青少年更可能处于网瘾恶化组（相比于网瘾缓解组）。

参考文献

AMIEL T, SARGENT S L, 2004. Individual differences in Internet usage motives [J]. Computers in Human Behavior, 20: 711 –726.

AMODEO M, COLLINS M E, 2007. Using a positive youth development approach in addressing problem-oriented youth behavior [J]. Families in Society the Journal of Contemporary Human Services, 88(1): 75-85.

ARMSTRONG L, PHILLIPS J G, SALING L L, 2000. Potential determinants of heavier Internet usage [J]. International Journal of Human-Computer Studies, 53(4): 537-550.

ARY D V, DUNCAN T E, BIGLAN A, et al., 1999. Development of adolescent problem behavior [J]. Journal of abnormal child psychology, 27(2): 141-150.

ATTRILL A, FULLWOOD C, 2016. Applied cyberpsychology: practical applications of cyberpsychological theory and research [M]. New York: Palgrave Macmillan.

BONELL C, HINDS K, DICKSON K, et al., 2015. What is positive youth development and how might it reduce substance use and violence? A systematic review and synthesis of theoretical literature [J]. BMC Public Health, 16(1): 1-13.

BRONFENBRENNER U, 1977. Toward an experimental ecology of human development [J]. American Psychologist, 32(7): 513-531.

CATALANO R F, BERGLUND R F, LISARYAN M, et al, 2002. Positive youth development in the United States: Research findings on evaluations of positive youth development programs [J]. Prevention & Treatment, 5(1): 15.

CHAPLIN T M, COLE P M, ZAHN-WAXLER C, 2005. Parental socialization of emotion expression: Gender differences and relations to child adjustment [J]. Emotion, 5(1): 80-88.

CHI X, HONG X, CHEN X, 2020. Profiles and sociodemographic correlates of internet addiction in early adolescents in southern China [J]. Addictive Behaviors, 106(2).

CHI X, LIU X, GUO T, et al., 2019. Internet addiction and depression in chinese adolescents: A moderated mediation model [J]. Frontiers in Psychiatry, 13(10).

CHUNG T W H, SUM S M Y, CHAN M W L, 2019. Adolescent internet addiction in Hong Kong: Prevalence, psychosocial correlates, and prevention [J]. Journal of Adolescent Health, 64(6): S34-S43.

DALBUDAK E, EVREN C, AL DE MIR S, et al., 2014. The severity of Internet addiction risk and its relationship with the severity of borderline personality features, childhood traumas, dissociative experiences, depression and anxiety symptoms among Turkish University Students [J]. Psychiatry Research, 219(3): 577-582.

DAVIS R A, 2001. A cognitive-behavioral model of pathological Internet use [J]. Computers in Human Behavior, 17(2):187-195.

de VRIES H D, NAKAMAE T, FUKUI K, et al., 2018. Problematic internet use and psychiatric co-morbidity in a population of Japanese adult psychiatric patients [J]. BMC Psychiatry, 18(1): 1-10.

EISENBERG N, ZHOU Q, SPINRAD T L, et al., 2005. Relations among positive parenting, children's effortful control, and externalizing problems: A three-wave longitudinal study [J]. Child Development, 76(5): 1055-1071.

GREENBERG J L, LEWIS S E, DODD D K, 1999. Overlapping addictions and self-esteem among college men and women [J]. Addictive Behaviors, 24(4): 565-571.

HA Y M, HWANG W J, 2014. Gender differences in internet addiction associated with psychological health indicators among adolescents using a national web-based survey [J]. International Journal of Mental Health and Addiction, 12(5): 660-669.

HONG S, YOU S, KIM E, et al., 2014. A group-based modeling approach to estimating longitudinal trajectories of Korean adolescents' on-line game time [J]. Personality & Individual Differences, 59: 9-15.

HUANG C, 2010. Internet addiction: Stability and change [J]. European Journal of Psychology of Education, 25(3): 345-361.

HUANG X, ZHANG H, LI M, et al, 2010. Mental health, personality, and parental rearing styles of adolescents with Internet addiction disorder [J]. Cyberpsychology Behavior & Social Networking, 13(4): 401-406.

JELICIC H, BOBEK D L, PHELPS E, et al, 2007. Using positive youth development to predict contribution and risk behaviors in early adolescence: Findings from the first two waves of the 4-H Study of Positive Youth Development [J]. International Journal of Behavioral Development, 31(3): 263-273.

KARDEFELT-WINTHER D, 2014. The moderating role of psychosocial well-being on the relationship between escapism and excessive online gaming [J]. Computers in Human Behavior, 38(9): 68-74.

KING D L, DELFABBRO P H, GRIFFITHS M D, 2012. Trajectories of problem video gaming among adult regular gamers: An 18-month longitudinal study [J]. Cyberpsychology, Behavior, and Social Networking, 16(1): 72-76.

KO C H, YEN J Y, CHEN C S, et al., 2009. Predictive values of psychiatric symptoms for internet addiction in adolescents: A 2-year prospective study [J]. Archives of pediatrics & adolescent medicine, 163(10): 937-943.

KOJIMA R, SATO M, AKIYAMA Y, et al., 2019. Problematic Internet use and its associations with health-related symptoms and lifestyle habits among rural Japanese adolescents [J]. Psychiatry and Clinical Neurosciences, 73(1): 20-26.

KOZINA A, WIIUM N, PIVEC T, 2020. Positive youth development perspective: The interplay between the 5cs and anxiety[C]// CLARA P, MICHAEL W. Psychological Applications & Developments N. Lisboa: In Science Press, 2020: 173-182.

MUBARAK A R, QUINN S, 2019. General strain theory of Internet addiction and deviant behaviour in social networking sites (SNS) [J]. Journal of Information, Communication and Ethics in Society.

KUSS D J, GRIFFITHS M D, BINDER J F, 2013. Internet addiction in students: Prevalence and risk factors [J]. Computers in Human Behavior, 29(3): 959-966.

KUSS D J, LOPEZ-FERNANDEZ O, 2016. Internet addiction and problematic Internet use: A systematic review of clinical research [J]. World Journal of Psychiatry, 6(1): 143-176.

LEE M S, OH E Y, CHO S M, et al., 2001. An assessment of adolescent Internet addiction problems related to depression, social anxiety and peer relationship [J]. Journal of Korean Neuropsychiatric Association, 40(4): 616-628.

LO S K, WANG C C, FANG W, 2005. Physical interpersonal relationships and social anxiety among online game players [J]. Cyberpsychology Behaviour, 8(1): 15-20.

LOVIBOND P F, 1998. Long-term stability of depression, anxiety, and stress syndromes [J].

Journal of abnormal psychology, 107(3): 520.

MODARA F, REZAEE-NOUR J, SAYEHMIRI N, et al., 2017. Prevalence of internet addiction in Iran: A systematic review and meta-analysis [J]. Addiction Health, 9(4): 243-252.

NOLEN-HOEKSEMA S, 2016. Gender differences in depression [J]. Current directions in psychological science, 10(5): 173-176.

PAWLIKOWSKI M, BRAND M, 2011. Excessive Internet gaming and decision making: Do excessive World of Warcraft players have problems in decision making under risky conditions? [J]. Psychiatry Research, 188(3): 428-433.

RACHEL C F S, DANIEL T L S, 2010. Life satisfaction, positive youth development, and problem behaviour among Chinese adolescents in Hong Kong [J]. Social indicators research, 95(3): 455-474.

SCHIMMENTI A, PASSANISI A, CARETTI V, et al, 2017. Traumatic experiences, alexithymia, and Internet addiction symptoms among late adolescents: A moderated mediation analysis [J]. Addictive Behaviors, 64: 314-320.

SHEK D T L, 2002. Assessment of family functioning in Chinese adolescents: The Chinese version of the Family Assessment Device [J]. Research on Social Work Practice, 12(4): 502-524.

SHEK D T L, YU L, 2016. Adolescent Internet addiction in Hong Kong: Prevalence, change, and correlates [J]. Journal of pediatric & adolescent gynecology, 29(1): S22-S30.

SHI X, WANG J, ZOU H, 2017. Family functioning and Internet addiction among Chinese adolescents: The mediating roles of self-esteem and loneliness [J]. Computers in Human Behavior, 76(11): 201-210.

STAVROPOULOS V, GOMEZ R, STEEN E, et al., 2017. The longitudinal association between anxiety and Internet addiction in adolescence: The moderating effect of classroom extraversion [J]. Journal of behavioral addictions, 6(2): 237-247.

SU W, HAN X, YU H, et al., 2020. Do men become addicted to internet gaming and women to social media? A meta-analysis examining gender-related differences in specific internet addiction [J]. Computers in human behavior, 113.

SUN P, ANDERSON J C, PAULA P, et al., 2012. Concurrent and predictive relationships between compulsive Internet use and substance use: Findings from vocational high school students in China and the USA [J]. International Journal of Environmental Research and Public Health, 9(3): 660-673.

TICHON J G, SHAPIRO M, 2003. The process of sharing social support in cyberspace [J]. CyberPsychology & Behavior, 6(2): 161-170.

TRAN B X, HUONG L T, HINH N D, et al., 2007. A study on the influence of internet addiction and online interpersonal influences on health-related quality of life in young Vietnamese [J]. Bmc Public Health, 17(1): 1-8.

WANG H R, CHO H, KIM D J, 2017. Prevalence and correlates of comorbid depression in a nonclinical online sample with DSM-5 internet gaming disorder [J]. Journal of Affective Disorders, 226: 1-5.

WHANG L S, CHANG G, 2004. Lifestyles of virtual world residents: Living in the on-line game "Lineage" [J]. CyberPsychology & Behavior, 7(5): 592-600.

WIDYANTO L, MCMURRAN M, 2004. The psychometric properties of the internet addiction test [J]. Cyberpsychology & behavior, 7(4): 443-450.

WRIGHT J P, CULLEN F T, 2001. Parental efficacy and delinquent behavior: Do control and support matter? [J] Criminology, 39(3): 677-706.

WU C Y, LEE M B, LIAO S C, et al., 2015. Risk factors of Internet addiction among Internet users: An online questionnaire survey [J]. Plos One, 10(10).

XIA Y R, XIE X, ZHOU Z, et al., 2004. Chinese adolescents' decision-making, parent-adolescent communication and relationships [J]. Marriage & Family Review, 36(1-2): 119-145.

XU J, SHEN L X, YAN C H, et al, 2014. Parent-adolescent interaction and risk of adolescent internet addiction: A population-based study in Shanghai [J]. BMC Psychiatry, 14(1): 1-11.

YANG X, WU X, QI J, et al., 2020. Posttraumatic stress symptoms, adversity belief, and internet addiction in adolescents who experienced a major earthquake [J/OL]. Current psychology. [2021-10-20]. http://doi.org/10.1007/s12144-020-00816-y.

YAO B, HAN W, ZENG L, et al., 2013. Freshman year mental health symptoms and level of adaptation as predictors of Internet addiction: A retrospective nested case-control study of male Chinese college students [J]. Psychiatry research, 210(2): 541-547.

YEE N, 2006. Motivations for play in online games [J]. CyberPsychology & Behavior, 9: 772-775.

YEN C, KO C, YEN J, et al., 2009. Multi-dimensional discriminative factors for Internet addiction among adolescents regarding gender and age [J]. Psychiatry and clinical neurosciences, 63(3): 357-364.

YEN J Y, YEN C F, CHEN C C, et al., 2007. Family factors of Internet addiction and substance use experience in Taiwanese adolescents [J]. Cyberpsychology & Behavior, 10(3): 323-329.

YOUNG K S, 1998a. Internet addiction: The emergence of a new clinical disorder [J]. CyberPsychology & Behavior, 1(3): 237-244.

YOUNG K S, 1998b. Caught in the net: How to recognize the signs of internet addiction--and a winning strategy for recovery [M]. New Jersey: John Wiley & Sons.

YU L, SHEK D T L, 2013. Internet addiction in Hong Kong adolescents: A three-year longitudinal study [J]. Journal of Pediatric and Adolescent Gynecology, 26(3): S10-S17.

ZAHN-WAXLER C, SHIRTCLIFF E A, MARCEAU K, 2008. Disorders of childhood and adolescence: Gender and psychopathology [J]. Annual Review of Clinical Psychology, 4(1): 275-303.

ZHOU X, ZHEN R, WU X, 2018. Trajectories of problematic internet use among adolescents over time since Wenchuan earthquake [J]. Computers in Human Behavior, 84: 86-92.

程绍珍, 杨明, 师莹, 2007. 高中生网络成瘾与家庭环境的关系研究[J]. 现代预防医学, 34(14): 2644-2645.

高婷婷, 2020. 高中生网络成瘾发展轨迹及其影响因素研究[D]. 长春：吉林大学.

高文斌, 陈祉妍, 2006. 网络成瘾病理心理机制及综合心理干预研究[J]. 心理科学进展, 14(04): 596-603.

韩俊生, 1998. 几种特殊家庭对青少年犯罪的影响 [J]. 江苏公安专科学校学报, (03): 38-47.

贺金波, 郭永玉, 柯善玉, 等, 2008. 网络游戏成瘾者认知功能损害的ERP研究[J]. 心理科学, 31(002): 380-384, 388.

雷雳, 杨洋, 2007. 青少年病理性互联网使用量表的编制与验证 [J]. 心理学报, 39(04): 688-696.

雷雳, 李宏利, 2003. 病理性使用互联网的界定与测量 [J]. 心理科学进展, 11(01): 73-77.

雷雳, 2016. 互联网心理学:新心理与行为研究的兴起[M]. 北京师范大学出版社.

刘建银, 周轶, 2013. 我国青少年网络游戏监管政策的十年回顾与分析[J]. 重庆邮电大学学报(社会科学版), 25(01): 26-32.

刘赟, 2019. 青少年发展性资产与危害健康行为的关联[J]. 中国学校卫生, 40(9): 1337-1341, 1344.

宋桂德, 李芮, 刘长娜, 等, 2008. 天津市学生网络成瘾流行病学调查[J]. 中国慢性病预防与控制, 16(2): 153-155.

孙志强, 2011. 青少年网络成瘾的原因、危害及应采取的对策[J]. 沈阳师范大学学报(社会科学版), 35(001): 135-138.

萧铭钧, 1998. 台湾大学生网络使用行为、使用动机、满足程度与网络成瘾现象之初探[D]. 台湾: 交通大学传播研究所.

王孟成, 毕向阳, 叶浩生, 2014. 增长混合模型: 分析不同类别个体发展趋势[J]. 社会学研究, (4): 220-241.

王秋英, 黄巧敏, 刘晓凤, 等, 2020. 家庭功能对青少年早期外化问题行为的影响：心理韧性的中介作用和性别的调节作用[J]. 心理与行为研究, 18(05): 659-665.

王振, 2009. 大学生网络成瘾与社交特点的关系[D]. 济南: 山东师范大学.

徐夫真, 2012. 青少年早期抑郁的发展及其与家庭、同伴和个体因素的关系[D]. 济南：山东师范大学.

余皖婉, 梁振, 潘田中, 2016. 暴力网络游戏与青少年家庭环境、人际交往困扰的关联研究[J]. 佳木斯大学社会科学学报,34(001): 176-178.

中国互联网信息中心,2020. 第46次中国互联网络发展状况统计报告[R/OL].[2020-10-20]. http://www.cnnic.cn/hlwfzyj/hlwxzbg/hlwtjbg/202009/P020200929546215182514.pdf.

周浩,龙立荣,2004. 共同方法偏差的统计检验与控制方法[J]. 心理科学进展, 12(06): 942-950.

周梅,2016. 大学生网络成瘾与学业不良的相关研究及教育对策[D]. 苏州：苏州大学.

4
深圳青少年抑郁的变化轨迹及影响因素

摘要：本研究以发展系统理论为视角，采用纵向研究设计，考察了青少年抑郁发展轨迹及其影响因素。采用流调中心用抑郁量表、家庭功能量表和青少年积极品质发展量表进行为期三年的追踪调查，最终获得有效被试1301人，其中男生666名，女生621名，14人未报告性别，第一次施测时被试平均年龄为12.46（*SD* = 0.63）岁。采用SPSS、SPSS-process和Mplus 8.0对数据进行分析，结果表明：① 随着间隔时间的增加，青少年抑郁的相对稳定性可能增加；同时，青少年抑郁的绝对稳定性随年龄的增长先稳定后略有下降。② 青少年抑郁发展的一般轨迹随年龄的增长可能呈下降趋势。同时，青少年抑郁的发展存在五条异质性发展轨迹，分别为中等抑郁上升组、恶化组、抑郁恢复组、抑郁高风险组和持续不抑郁组；各轨迹亚组人数分布比例分别为19.68%、2.38%、6.15%、4.15%和67.64%。③ 持续不抑郁组的青少年，与其它四类抑郁亚组不存在显著的性别差异；相对于持续不抑郁组，家庭功能越好，青少年进入中等抑郁上升组、抑郁恢复组和抑郁高风险组的发生比就越小；相对于持续不抑郁组，青少年积极品质发展越好，进入中等抑郁上升组、抑郁恶化组、抑郁恢复组和抑郁高风险组的发生比就越小。

关键词：青少年；抑郁；发展轨迹；积极品质发展

4.1 引子

青少年阶段是儿童向成人过渡的关键时期，同时也是各种内化问题和外化问题行为发生率突增的时期（Patterson et al., 2000; Willoughby et al., 2013; 罗伏生 等, 2009）。其中，抑郁是青少年阶段最典型的内化问题之一（Pizzagalli,

2014）。相较于儿童时期，青少年是抑郁发生率急剧增加的时期（Ge et al., 2006）。国外研究发现，青少年抑郁的发生率为8%—20%（Naicker et al., 2013）；在中国，青少年抑郁的发生率约为23.5%（Li et al., 2018）。抑郁不仅会给青少年带来一系列心理社会问题，如焦虑（Dozois et al., 2004）、学业成绩下降（Liu et al., 2017）、人际交往退缩，甚至自杀（Naicker et al., 2013）等，还可能会增加其成年期患抑郁障碍的风险（Mcleod et al. 2016）。因此，考察青少年抑郁发展特点以及影响因素尤为重要，为进一步制订有针对性的青少年抑郁预防和干预方案提供实证依据，从而减少个体成年期抑郁的风险及促进个体健康发展。

4.1.1 抑郁的概念

抑郁（depression）是一种可能影响思维、行为、感觉和幸福感的情绪低落、厌恶活动的精神状态，其症状包括感到悲伤、焦躁，睡眠问题，甚至自杀等（Hankin, 2006）。根据表现特征或者程度，国内外学者将抑郁划分为三类：抑郁情绪（depression mood）、抑郁综合征（depression syndromes）、抑郁症（depressive disorder）（Cantwell et al., 1991; 徐夫真, 2012）。其中，抑郁情绪是指个体对所在环境感到悲伤的情绪体验；抑郁综合征是指个体感到悲观、内疚、忧虑、快乐丧失等抑郁情绪的症候群；抑郁症是指达到相关临床界定标准，如包含情绪低沉、悲伤、食欲下降、内疚、注意缺陷和无意义感等方面的情绪、行为、认知障碍问题，同时需要通过结构化访谈进行评估。进一步来看，抑郁症又分为精神抑郁障碍（dysthymic disorder, DD）和严重抑郁障碍（major depressive disorder, MDD）（徐夫真, 2012）。总体来看，抑郁是一个连续体，均是悲观、忧郁的情绪状态，而这种状态持续时间或短或长，可能发展为轻度或中度抑郁，也可能发展成为抑郁症候群，甚至更为严重的抑郁障碍。因此，基于前人对抑郁的界定，本研究倾向于将抑郁定义为个体的消极情绪体验，悲观、低动机水平等认知表现和退缩、易怒，甚至自杀的行为表现的连续体。

关于上述抑郁的分类和已有研究发现，抑郁情绪是所有抑郁分类中对青少年个体健康发展影响较小的，同时也是在青少年群体中最为常见的心理问题之一

（Graber, 2013）。国内外研究发现，个体从儿童期进入青春期后，会经历生理、心理的急剧变化，对所处环境更加敏感，此时青少年体验到的悲伤、无意义感等情绪更为常见，且抑郁情绪检出率也较高（Costello et al., 2006；Li et al., 2017），甚至抑郁综合征和抑郁障碍也越来越常见（冯正直, 2002; 罗伏生 等, 2009）。

4.1.2 理论基础

发展系统理论包括多种发展理论和模型，旨在强调所有青少年均有积极成长与发展的潜能，强调个体在发展过程中具有可塑性，强调个体自身如何促进自我积极发展，以及在多种情境下，从个体与环境之间的动态关系对个体自身发展进行解释（Lerner, 2002, 2004）。这其中包括发展资源理论（Benson, 1990），主要是指一系列能够增强青少年健康发展结果的相关经验、关系、技能和价值观（常淑敏 等, 2013）。同时，该理论关注青少年个体自身和情境中的外部资源（如家庭环境）和内部资源（如个体心理社会能力），这些资源的缺失可能会增加个体对环境适应不良的风险以及未来适应不良的风险。根据Bronfenbrenner（1977）的生态系统理论，个体的发展受到多系统因素的影响。其中，个体因素处于中心位置（如性别、年龄等）。家庭因素属于微观系统，包括环境、家庭结构、家庭功能、家庭收入等。这些因素发展不良是青少年心理疾病（如抑郁）发生的重要风险因素。

4.1.3 青少年抑郁轨迹

个体从儿童期进入青少年期后，在生理和心理发展（如身体发育、认知发展等），外界压力事件（如学业压力）发生很大改变的同时，各种情绪问题突显。如有研究发现，当个体进入青少年后，抑郁发生率或抑郁情绪大幅增加（Fleming et al., 1990; Ge et al., 2006）。同时，伴随着青少年抑郁或抑郁情绪的发展，个体的抑郁倾向可能会一直持续整个青少年时期或成年期，对个体的身心健康发展造成很大负面影响（McLeod et al., 2016; Verboom et al., 2013）。此外，青少年抑郁水平可能随着年龄的增长出现上升的趋势，且该上升趋势随年龄增长具有一定的稳定性（Lovibond, 1998）。对于青少年抑郁发展的稳定性主要从两个方面考察：

① 相对稳定性，是指个体在群体内始终保持相对的排名位置；② 绝对稳定性，是指个体在不同的测量时间保持一致性。实证研究也发现，个体随着年龄的增长，其抑郁水平的上升具有一定的稳定性（徐夫真，2012），且个体的抑郁水平也会随着年级的增高而显著上升（冯正直 等，2005）。可见，青少年处于抑郁或抑郁情绪跨时间发展的关键时期，该时期具有重要意义。

鉴于青少年时期是研究青少年抑郁纵向发展的关键时期，众多学者以青少年抑郁发展轨迹的特点为出发点对青少年抑郁问题进行探究：首先青少年随着年龄的增长，其抑郁或抑郁情绪发展轨迹是怎样的？另外，并不是所有的青少年抑郁均呈同样的发展轨迹，那青少年异质性的抑郁发展轨迹特点具体如何？基于这两个问题，本研究接下来将对其进行论述。

4.1.3.1 青少年抑郁的一般发展轨迹

正如国内外研究发现，相较于儿童时期，青少年的抑郁水平和发生率陡增（Ge et al., 2006;冯正值，2002），甚至可能还会随着年龄的增长而明显增长（Kessler et al., 2001; 冯正值 等，2005）。以往大部分研究认为，青少年抑郁发展呈上升趋势。如美国一项纵向追踪研究表明，青少年抑郁水平呈现快速且持续上升趋势（Adkins et al., 2009）；徐夫真（2012）针对中国青少年抑郁的一项研究发现，青少年抑郁发展轨迹呈显著加速上升趋势；同时该团队进一步追踪研究发现，抑郁水平在青少年中期呈线性上升趋势（曹丛，2016），这一结果在另一项追踪中国青少年抑郁发展轨迹的研究中得到了验证，该研究也发现整个青春期抑郁发展水平呈线性增长趋势（侯金芹，2013）。但也有研究发现，抑郁水平在青少年中期呈线性下降趋势（Delgado et al., 2019）或非线性增长（Wang et al., 2015）趋势；个体从童年晚期到青少年抑郁水平会呈现先上升、再下降、后上升的发展趋势（杨逸群 等，2014）。可见，青少年抑郁的一般发展趋势并不一定呈线性增长趋势。

然而，青少年抑郁的一般发展轨迹能够有效说明每一个个体均呈现同质的发展轨迹吗？毋庸置疑，上述对青少年抑郁水平一般发展轨迹的描述无法代表每一个个体的抑郁发展变化，研究者可能忽略了抑郁发展变化中的个体异质性，从而可能会导致后续无法准确发现不同的轨迹特点及无法有效地、有针对性地进行预防和干预。

4.1.3.2 青少年抑郁的异质性亚组发展轨迹

并非所有个体均遵循同样的发展轨迹，青少年抑郁水平发展同样也可能存在群体异质性和个体差异性（Ferdinand et al., 2005），已有研究通过划分不同临界值来评估抑郁的严重程度，以此对青少年的抑郁水平进行分类（Compas et al., 1993; Gotlib et al., 2010），但研究结果表明仅将个体分为有、无抑郁两种类别忽略了即使都被评估为抑郁，个体之间也可能存在差异（王孟成 等，2017）的事实，基于此，众多研究者采用潜在类别分析方法对青少年的抑郁情绪进行分类。

在国外青少年群体中，研究发现青少年抑郁发展轨迹大致可以分为3—4个亚群体，如Rodriguez 等（2005）研究发现，青少年抑郁发展轨迹包含3类：高抑郁组、中抑郁组和低抑郁组；Vaillancourt和Haltigan（2017）研究也发现，抑郁发展轨迹为3类：低抑郁-稳定组、高抑郁-增加组和高抑郁-下降组，其中各轨迹亚组人数分布比例分别为75.8%、15.7%和8.5%；Cumsille等（2015）对初一到高一青少年抑郁发展轨迹的追踪研究发现，青少年抑郁发展轨迹有4类，包括稳定-低抑郁组、持续高抑郁组、低抑郁增加组和高抑郁下降组，其中各轨迹亚组人数分布比例分别为56%、12%、17%和15%；Ellis等（2016）研究也发现，青少年抑郁的发展轨迹包括4类：持续低抑郁组、高起点-急剧下降组、中等起点-减轻组和低起点-增加组，其中各轨迹亚组人数分布比例分别为65.4%、3.3%、20.2%和11.1%。综上所述，国外青少年群体抑郁发展轨迹的亚群组可能一致包括稳定-低抑郁组和高抑郁下降组。

同样，在中国青少年群体中，青少年抑郁发展轨迹大致也可以分为3—4个亚群体。如Cao等（2018）对青少年中期的抑郁发展轨迹的追踪研究发现，抑郁发展轨迹包含三类，分别为持续低轨迹组、中等上升组和高上升组，各轨迹亚组人数分布比例分别为36.1%、44.5%和19.4%；徐夫真（2012）研究发现，青少年抑郁发展轨迹包括4类：中低-增长组、稳定-低水平组、增长-稳定高水平组和无抑郁组，其人数分布比例分别为27.4%、49.2%、4.1%和19.3%；侯金芹（2013）研究发现，青少年抑郁的发展轨迹包括4类：恒高组、恒低组、居中升高组和降低组，其中降低组所占比例最小；在汶川地震幸存者青少年抑郁发展轨迹的追踪研究中发现，青少年抑郁发展轨迹也分4类，包括长期严重抑郁组、抑郁恢复组、延迟抑郁组和弹性组（即稳定轻微或无抑郁），各轨迹亚组人数分布比例分别为25.6%、1.7%、4.3%和68.4%（Zhou et al., 2016）；但杨逸群等（2014）研究发现，童年晚期到青春期的青少年抑郁发展轨迹分5类，包括无抑郁组、低－上升组、低－略微上升组、高－下降组和持续高抑郁组。由此可见，国内青少年群体抑郁发展轨迹的亚群组可能一致包括稳定－低抑郁组和持续高抑郁组。

综上所述，国内外青少年抑郁发展轨迹在跨地区上可能保持一致的亚群组为稳定－低抑郁组，然而由于样本和测量工具不一致，青少年抑郁发展轨迹的亚群组分类并不完全一致。

4.1.4 青少年抑郁的相关因素

以发展系统理论为出发点可知，影响青少年抑郁的因素与其所在家庭环境和个体自身特征发展密不可分。本课题将围绕家庭和个人因素两方面展开论述。

4.1.4.1 家庭因素

以往研究发现，家庭结构是影响青少年抑郁的重要因素。相较于完整家庭，离异家庭青少年抑郁的发生率更高（Hadikapetanovi et al., 2017; Mahon et al., 2003）。此外，相较于高收入家庭的青少年，来自低收入家庭的个体报告出更多的抑郁情绪（Zhou et al., 2018）。值得注意的是，不良家庭功能是青少年抑郁的重要家庭环境成因。青少年正处于成长的关键时期，情绪智力发育尚不成熟，高频率、高强度的家庭冲突和摩擦会给青少年带来情绪压力，引发青少年消极的认知评价，增加情绪不安全感和消极情绪，导致心理承受能力降低，出现内化和外化问题行为（Fosco et al., 2008; 王明忠 等, 2014; 王玉龙 等, 2016）。越来越多的研究表明，家庭成员之间的关系对青少年抑郁具有显著影响。如家庭功能较差会增加青少年抑郁、焦虑等心理症状的发生率（Bowen et al., 2014）；来自家庭功能不良或暴力家庭的孩子，抑郁水平更高（Bond et al., 2005; Denny et al., 2004；肖雪 等，2017）；反之，家庭亲子关系越好的青少年，抑郁水平就越低（方晓义 等，2006）。

综上所述，基于发展系统理论和已有研究，本研究推测不良的家庭功能正向预测青少年抑郁。

4.1.4.2 个体因素

许多研究证实了不同性别人群抑郁发生率的差异。这种差异在不同的国家、民族和文化背景下都存在（Kim et al., 2018）。比如美国2015年的一项调查发现，12—17岁女性青少年经历过重性抑郁发作的比例为19.5%，而男性青少年是5.8%。此外，年龄也是影响抑郁的一个重要因素。处于青少年阶段的个体，身心会发生巨大的变化，受体内激素变化等各因素影响，更容易出现情绪困扰。相较于儿童时期，青少年时期的抑郁发生率增加4—5倍（Ge et al., 2006；黄垣成 等，2021）。

研究发现，青少年积极品质发展水平对青少年心理健康发展具有重要影响，可以预防青少年心理问题和促进健康发展（Ge et al., 2006；黄垣成 等，2021）。对于青少年积极品质发展的概念界定，各学者从不同的角度进行了解释（郭海英等，2017）。比如，Damon（2004）提出积极品质发展更关注潜能而非缺陷；Catalano等人提出了青少年发展的15个积极品质，如联结、心理韧性、社会能力、情绪能力、认知能力、积极认同、亲社会行为等；Lerner（2005）等人提出了5Cs青少年积极品质发展模型，模型包括能力、品质、自信、人际和关爱，并得到了大量的实践验证。大量研究发现，青少年积极品质发展对青少年抑郁具有显著影响（Chi et al., 2020; McWhinnie et al., 2008）。如在一项交叉滞后的研究里，Chi等（2020）发现，积极品质发展水平越好的青少年，其未来抑郁水平越低；同时，Jelicic等人（2007）研究发现，五年级学生积极品质发展水平显著负向预测其在六年级的抑郁水平以及问题行为；此外，也有研究证据支持青少年积极品质发展对于抑郁和物质成瘾的高风险群体具有保护作用（Travers et al., 2019）。总体而言，青少年积极品质发展是促进青少年积极健康发展的重要资源。基于此，本研究将重点探讨青少年积极品质发展与青少年抑郁的关系。本研究推测青少年积极品质发展水平能够显著负向预测青少年抑郁水平。

4.1.5 问题提出

4.1.5.1 已有研究不足

近年来，研究者在探讨青少年抑郁发展轨迹及其预测因素时，取得了很多有意义的研究成果，为青少年抑郁预防和干预提供了重要的参考资料。但通过回顾文献可以发现，已有研究仍存在以下问题有待进一步改善：

① 青少年抑郁发展研究设计方面。目前，缺乏对中国文化背景下青少年抑郁发展的纵向研究，已有研究大多采用横断研究探讨不同年龄青少年抑郁的特点及其影响因素，这无法了解青少年抑郁动态发展特点（如一般发展轨迹和亚群组）以及危险因素和保护性因素对其发展变化的影响，从而无法为预防或干预青少年抑郁提供有针对性的建议。因此，青少年抑郁发展轨迹及其与影响因素的关系仍需通过纵向研究设计做进一步探讨。

② 抑郁发展轨迹方面。发展系统理论认为个体的发展是由于个体与环境的动态相互作用，由于个体的发展与适应存在多面性，其表现出不同类型的发展趋势（Cicchetti et al., 1996; 徐夫真, 2012）。已有研究表明，青少年抑郁的发展轨迹可能呈线性上升趋势（曹丛, 2016; 徐夫真, 2012），也可能呈现先上升、再下降、后上升的发展趋势（杨逸群 等, 2014）。同时，由于样本和测量工具不一致，国内外研究针对青少年抑郁发展轨迹亚群组的结果并不一致。加之，由于青少年处于个体抑郁的关键时期，其本身就存在特殊性以及多变性，如青春期的生理变化、认知发展和升学等内外部环境的改变，这些因素均可能提高青少年抑郁水平和发生率。因此，青少年抑郁的一般发展轨迹和亚群组仍有待进一步研究。

③ 青少年抑郁与预测因素的关系方面。近年来，越来越多的研究关注家庭和个体特征（如性别、年龄）对青少年抑郁的重要影响。然而，青少年积极品质发展在国内作为一个较新的研究领域，关于其对抑郁影响的研究仍不充分，如未纳入家庭因素、心理功能因素等。

4.1.5.2 拟研究的问题和意义

4.1.5.2.1 拟研究问题

基于发展系统理论，本研究拟考察青少年抑郁发展轨迹特点及其与家庭功能和青少年积极品质发展的关系，以1301名青少年为样本被试，采用纵向研究设计，来探讨青少年抑郁的发展轨迹特点及与预测因素的关系。综上所述，本研究的目的与研究假设具体如下：① 随着间隔时间的增加，青少年抑郁的相对稳定性可能提高；同时，青少年抑郁的绝对稳定性随年龄的增长可能会下降。② 青少年抑郁发展的一般轨迹随年龄的增长可能有下降趋势。③ 青少年抑郁的发展存在五条异质性发展轨迹，分别为中等抑郁上升组、恶化组、抑郁恢复组、抑郁高风险组和持续不抑郁组。④青少年抑郁亚组与家庭因素、个体因素（如青少年积极品质发展）具有显著关联效应。

4.1.5.2.2 研究意义

本研究从发展系统理论的视角，采用三年的追踪研究并结合潜类别增长模型（latent class growth model, LCGM），进一步考察了青少年抑郁发展轨迹的亚群组类型，将家庭功能和青少年积极品质发展作为预测青少年抑郁发展轨迹的因素，深入探讨家庭因素（如家庭功能）、个体因素（如青少年积极品质发展）和青少年抑郁发展水平之间的关系，为青少年抑郁发展及其预测因素的研究提供了新的理论和统计方法视角。

4.2 方法

4.2.1 被试

被试的具体信息见“1.3.1研究对象”。

4.2.2 施测程序

具体程序见“1.3.2研究主要过程及活动”。

4.2.3 研究工具

研究工具包括青少年积极品质发展量表、家庭功能量表、流调中心用抑郁量表，以及社会人口学信息（年龄、性别等）问卷，具体工具使用介绍见“1.3.3研究工具”。

4.2.4 统计分析

采用Harman单因子检验法检验共同方法偏差效应，结果表明，特征值大于1的因子共有18个，第一个因子解释的变异量为15.80%，小于40%的临界标准（熊红星 等，2012），因此研究不存在明显的共同方法偏差。

其次，采用描述性统计、相关分析、重复测量方差分析和独立样本T检验，分别进行青少年抑郁的相对稳定性和绝对稳定性检验。接着，采用Mplus 8.0软件对纵向数据建立无条件均值模型和无条件增长模型，来考察青少年抑郁的一般发展轨迹。此外，采用Mplus 8.0软件进行潜类别增长模型（latent class growth model，LCGM）建模以考察青少年抑郁群体内异质性发展轨迹亚群体类型。

接着进一步考察青少年积极品质发展对抑郁的预测。采用重复测量方差分析和配对样本t检验考察家庭功能和青少年积极品质发展的变化趋势。最后，采用Mplus 8.0软件进行多分类因变量logistic回归分析以考察家庭功能和青少年积极品质发展对青少年抑郁轨迹亚组的影响效应。

4.3 结果

4.3.1 青少年抑郁发展轨迹研究

4.3.1.1 青少年抑郁发展的相对稳定性和绝对稳定性

4.3.1.1.1 描述性统计

表4-1为青少年抑郁得分在初一、初二和初三3个测量时间点的均值、标准差以及有无抑郁人数比例。

表4-1 不同测量时间的青少年抑郁得分及抑郁人数（*N* = 1301）

	T1	T2	T3
抑郁得分（*M* ± *SD*）	13.66 ± 9.15	13.76 ± 9.33	12.40 ± 9.31
无抑郁人数	866（66.6%）	853（65.6%）	927（71.3%）
抑郁人数	435（33.4%）	448（34.4%）	374（28.7%）

4.3.1.1.2 青少年抑郁的相对稳定性

已有研究表明，可根据抑郁在相邻两个测量时间点上的皮尔逊相关系数来表示青少年抑郁的相对稳定性（Reitz et al., 2005）。同时根据Cohen（1988）对相对稳定系数临界点的标准，相关系数低于0.3表明相对稳定性低，相关系数在0.3—0.5之间表明具有中等稳定性，相关系数高于0.5则表明相对稳定性高。相关分析结果表明，在相邻两年间，青少年抑郁的相对稳定性较低（$rs = 0.25$，ps <

0.001），在第一年和第三年之间，青少年抑郁的相对稳定性有所提高，为中等稳定性（$r = 0.42$，$p < 0.001$）。

4.3.1.1.3 青少年抑郁的绝对稳定性

自变量为测量时间，因变量为历次测量抑郁得分进行重复测量方差分析，结果显示，抑郁的时间主效应均显著，但效应值较小 [$F_{(1.94, 2525.60)} = 12.50$，$p < 0.001$，偏 $\eta^2 = 0.01$]。之后分别对相邻时间点的抑郁进行配对样本t检验，结果表明，抑郁在初一、初二之间差异不显著（$t = -0.31$，$p > 0.05$，Cohen' s $d = -0.01$），在初二、初三之间差异显著（$t = 4.28$，$p < 0.001$，Cohen' s $d = 0.15$）。这表明从初一到初二，青少年抑郁水平稳定；从初二到初三，抑郁水平略有下降，但差异程度较小。

4.3.1.1.4 小结

本研究发现，在相邻两年间，青少年抑郁具有较低的相对稳定性，且随着间隔时间的增加，青少年抑郁的相对稳定性可能增加；同时，青少年抑郁的绝对稳定性随年龄的增长而先稳定后略有下降。

4.3.1.2 青少年抑郁发展轨迹

4.3.1.2.1 青少年抑郁的一般发展轨迹

采用多层线性模型进一步探究青少年抑郁的发展趋势，将三次测试时间点编码为0、1、2，首先，以青少年抑郁为因变量，建立无条件的均值模型（零模型）。计算跨级相关（intra-class correlation，ICC），可以判断是否需要建立纵向数据的多层线性模型，其中$ICC_{抑郁} = 0.30$，表明个体间变异解释了青少年抑郁总变异的30.0%，由此可以判断能够采用多层线性模型对青少年抑郁的发展趋势进行分析。

其次，建立无条件二次增长模型。从三个时间点青少年抑郁的均值可知，从初一到初二，抑郁水平相对稳定；从初二到初三，抑郁水平略有下降，但差异程度较小，即青少年抑郁可能呈非线性的变化趋势。为了准确地描述青少年抑郁情绪的发展趋势，因变量为青少年抑郁情绪，时间一次项（TIME，取值为0、1、2）、时间二次项（$TIME^2$，取值为0、1、4）为第一层的预测变量，建立无条件二次增长模型。结果如表4-2所示，从固定部分可知，初一年级青少年抑郁水平的平均值为13.78，时间一次项不能显著预测青少年抑郁（$p > 0.05$），但时间二次项能边缘显著预测青少年抑郁（$p = 0.08$），说明青少年抑郁可能呈二次增长变化趋势，同时青少年抑郁水平的下降速度为每年0.46。从变异部分可知，抑郁情绪的起点存在着显著的个体差异（$p<0.001$），即青少年的初始抑郁情绪起点高低不同，同时，时间一次项和时间二次项的变异不显著（$ps > 0.05$），说明青少年抑郁随时间的变化趋势不存在显著的个体差异。为了进一步探索个体差异的初始值高低与下降快慢之间的关系，本研究对青少年抑郁情绪发展的截距和斜率的协方差进行了计算。结果发现，青少年抑郁情绪的截距和斜率的协方差为0.46（$p>0.05$），说明青少年抑郁情绪的起点高低和下降速度关系不大，个体差异随时间相对稳定。

表4-2　青少年抑郁情绪的发展趋势

	青少年抑郁情绪 β（se）
固定部分	
截距	13.78（0.26）***
斜率1	0.26（0.55）
斜率2	−0.46（0.26）†
变异部分	
截距	25.06（3.74）***
斜率1	0.14（3.19）
斜率2	0.06（0.72）
截距和斜率的协方差	0.46

注：***$p < 0.001$，† $0.05<p < 0.1$。

4.3.1.2.2　青少年抑郁异质性亚组发展轨迹

（1）潜变量类别增长模型的拟合信息

研究分别抽取了1—6个潜在类别的增长模型，拟合指数汇总见表4-3。由表4-3可知，随着分类数目的增多，信息指数AIC、BIC和aBIC在不断减小。当保留3个类别时，entropy值（0.85）最高，但与保留4个类别、5个类别和6个类别时的entropy值（0.80、0.82和0.82）相差不大。此外，当保留2个类别、3个类别和5个类别时，LMR值和BLRT值都达到显著水平（$p < 0.01$），而当分为4个类别和6个类别时，LMR值不显著（$p > 0.05$）。通过协同各指标来确定最佳拟合模型（Nylund et al., 2007），本研究采用如下标准选择最佳模型：① 贝叶斯信息标准（Bayesian information criterion, BIC），BIC值越小越佳；② 熵（entropy），即每个被试被分配到最可能的发展轨迹亚组中的平均概率，其值大于0.7则表明亚组的分类有效而清晰；③ Lo-Mendell-Rubin似然比率检验（LMR-

LRT test)，当p值显著时，表明k组分类优于k-1组分类；④每个亚群组中的人数比例不低于1%。因此，本研究选择5个潜在类别的分类（C1、C2、C3、C4、C5）为最终模型。

表4-3　潜类别增长模型拟合信息汇总

模型	AIC	BIC	aBIC	entropy	LMR（p）	BLRT（p）	类别概率
1C	28464.39	28490.25	28474.36				
2C	28015.11	28056.47	28031.06	0.77	***	***	0.19/0.81
3C	27912.90	27969.78	27934.84	0.85	**	***	0.03/0.81/0.16
4C	27847.14	27919.53	27875.06	0.80	0.07	***	0.03/0.22/0.71/0.04
5C	**27780.91**	**27868.81**	**27814.81**	**0.82**	**	***	**0.20/0.02/0.06/0.04/0.68**
6C	27768.07	27871.49	27807.96	0.82	0.29	***	0.66/0.17/0.09/0.02/0.01/0.05

注：**$p < 0.01$，***$p < 0.001$。

表4-4　各潜在类别被试（列）的平均归属概率（行）

	C1	C2	C3	C4	C5
C1（%）	80.1	1.0	4.4	3.7	10.9
C2（%）	5.3	93.4	0	1.3	0
C3（%）	12.0	0	75.7	3.7	8.6
C4（%）	8.3	1.9	3.6	86.2	0
C5（%）	5.7	0	1.5	0	92.8

从表4-4可知，每个类别中的被试（列）归属每个潜在类别的平均概率（行）从75.7%到93.4%，说明青少年抑郁发展轨迹分5个潜在类别的模型结果可信。

（2）青少年抑郁的亚群组发展轨迹

对潜变量类别增长模型的拟合指数信息进行分析后，确定5个潜在类别最适合，研究进一步考察了每个潜在类别的发展轨迹，各潜在类别的截距均值表示每个潜在类别的抑郁问问初始值，每个潜在类别的斜率均值表示每个类别的发展斜率，即各个潜在类别的抑郁随时间变化情况（如图4-1所示）。其中，每个潜在类别的截距均值分别为C1：16.24（SE=0.81，p<0.001）；C2：13.40（SE=1.33，p <0.001）；C3：28.63（SE=2.80，p < 0.001）；C4：32.36（SE=2.09，

$p<0.001$); C5：10.24（$SE=0.33$，$p<0.001$）。结果表明，每个潜在类别截距均值均与其他类别具有显著性差异，其中C1、C3和C4三组的抑郁水平初始值较高（均为抑郁），C2和C5两组的抑郁水平初始值相对较低（均为不抑郁）。每个潜在类别的斜率均值分别为C1：1.99（$SE=0.59, p<0.01$）; C2：13.27（$SE = 0.92$，$p < 0.001$）; C3：−8.55（$SE = 1.50$，$p < 0.001$）; C4：−2.66（$SE = 1.42$，$p > 0.06$）; C5：−1.08（$SE = 0.21$，$p < 0.001$）。结果表明，C4在三个测量时间段内发展相对稳定且无显著变化；C1、C2、C3和C5随时间的变化，抑郁水平变化显著——其中，C1和C2两组的抑郁水平随时间显著提高，C3和C5两组的抑郁水平随时间显著下降。根据截距均值和斜率均值，C1和C2组抑郁水平分别呈现从高起点（抑郁）上升和从低起点（不抑郁）急剧上升的显著变化，C3和C5组抑郁水平分别呈现从高起点（抑郁）下降和持续不抑郁且下降的显著变化，C4呈现保持高抑郁水平的相对稳定。由此，将C1命名为中等抑郁上升组，所占总样本比例为19.68%；C2命名为恶化组，所占总样本比例为2.38%；C3命名为抑郁恢复组，所占总样本比例为6.15%；C4命名为抑郁高风险组，所占总样本比例为4.15%；C5命名为持续不抑郁组，所占总样本比例为67.64%。

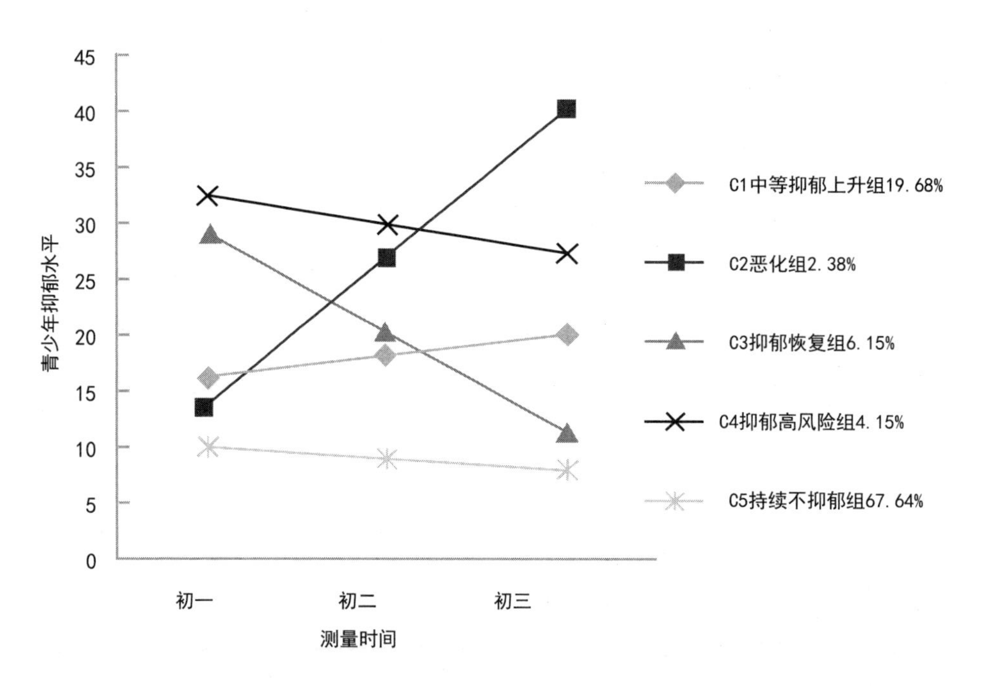

图4-1　青少年抑郁发展轨迹五类亚群组

4.3.1.2.3 小结

本研究发现，青少年抑郁发展的一般轨迹随年龄的增长而呈下降趋势。同时，青少年抑郁的发展存在五条异质性发展轨迹，分别为中等抑郁上升组、恶化组、抑郁恢复组、抑郁高风险组和持续不抑郁组；各亚组人数分布比例分别为19.68%、2.38%、6.15%、4.15%和67.64%。

4.3.2 青少年抑郁发展轨迹的影响因素

青少年积极品质发展变化趋势见2.3.2.3。

为了考察青少年积极品质发展对各潜在类别抑郁水平发展轨迹的效应，本研究在潜变量类别增长模型的基础之上纳入青少年积极品质发展以及协变量：性别（0=男，1=女）、年龄、家庭结构（0=完整，1=不完整）、家庭收入和家庭功能，因变量为潜在类别的分类结果（5C），进行logistic回归，以持续不抑郁组（C5）作为参照组，以odd-ration（*OR*）系数来反映不同青少年积极品质发展水平对不同潜在类别的效应。

表4-5 家庭功能、青少年积极品质发展对青少年抑郁水平发展轨迹的效应

	C1中等抑郁上升组		C2恶化组		C3抑郁恢复组		C4抑郁高风险组	
	OR	*p*	*OR*	*p*	*OR*	*p*	*OR*	*p*
性别	1.48	0.02	2.47	0.036	1.11	0.742	2.24	0.024
年龄	0.99	0.967	0.94	0.862	0.81	0.41	0.87	0.616
家庭结构	0.89	0.74	2.45	0.174	1.64	0.353	1.94	0.196
家庭收入	0.95	0.271	1.05	0.699	1.09	0.35	1.02	0.822
家庭功能	0.50	<0.001	1.15	0.676	0.74	0.161	0.35	<0.001
青少年积极品质发展	0.69	0.008	0.41	0.006	0.30	<0.001	0.54	0.017

注：以C5持续不抑郁组为参照对象。

由表4-5可知，相对于持续不抑郁组，女性比男性归属于中等抑郁上升组、恶化组和抑郁高风险组概率分别高48%、147%和124%；持续不抑郁组的青少年与其他四类抑郁发展亚组的青少年不存在显著的年龄、家庭结构和家庭收入的差异；相对于持续不抑郁组而言，家庭功能越高的青少年归属于中等抑郁上升组、抑

郁高风险组的可能性就越小，而且家庭功能每增加一个测量单位，青少年归属中等抑郁上升组的可能性比原来减少50%，归属于抑郁高风险组的可能性比原来减少65%；相对于持续不抑郁组而言，青少年积极品质发展水平越高，进入中等抑郁上升组、恶化组和抑郁高风险组的发生比就越小，青少年积极品质发展水平每增加一个测量单位，归属于中等抑郁上升组的可能性是原来的69%，归属于抑郁恶化组的可能性是原来的41%，归属于抑郁高风险组的可能性是原来的54%。青少年积极品质发展水平越低，青少年越容易遭受抑郁的侵害。拥有高水平积极品质的青少年更可能属于持续不抑郁组。

小结

本研究发现，青少年积极品质发展和协变量（性别、年龄、家庭结构、家庭收入、家庭功能）对各潜在类别青少年抑郁水平发展轨迹的效应如下：相对于持续不抑郁组，女性比男性归属于中等抑郁上升组、恶化组和抑郁高风险组概率更高，持续不抑郁组的青少年与其它四类青少年抑郁发展亚组不存在显著的年龄、家庭结构和家庭收入的差异；相对于持续不抑郁组而言，青少年的家庭功能越高，归属于中等抑郁上升组、抑郁高风险组的可能性就越小；相对于持续不抑郁组而言，青少年积极品质发展越好，进入中等抑郁上升组、恶化组和抑郁高风险组的发生比就越小。

4.4　讨论

4.4.1　青少年抑郁发展轨迹研究

4.4.1.1　青少年抑郁发展的相对稳定性和绝对稳定性

本研究发现，在相邻两年间，青少年抑郁具有较低的相对稳定性，且随着间隔时间的增加，青少年抑郁的相对稳定性可能增加。这一结果与已有研究结果不一致（侯金芹，2013; 徐夫真，2012），已有研究发现，个体内外化问题行为的相对稳定性会随时间间隔的增长而有所下降（Reitz et al., 2005）；而在本研究中，在不同测量时间点，青少年抑郁水平在群体中的相对位置会随着年龄的增长而明显变化。不一致的原因可能是青少年正值生理和心理急剧变化的时期，伴随着所处环境的改变和学业压力的增加，可能对所处环境更加敏感，其抑郁水平也容易受到外界和自身内部矛盾的影响而处于动态变化过程，如经历了小升初入学考试的青少年在初一时，处于外界压力的适应期，而在初三时，青少年处于升学考试的压力挑战期，因而青少年抑郁水平可能较一致。因此青少年抑郁在相邻两年间的相对稳定性较低，而随着间隔时间的增加，其相对稳定性可能提高。同时，本研究还发现，青少年抑郁的绝对稳定性随年龄的增长而先稳定后略有下降，且在初二时抑郁水平均值最高。总体而言，青少年抑郁的绝对水平随年龄的增长而有下降的趋势。该结果与已有研究结果不一致（徐夫真，2012），这可能是由于本研究被试样本中，较大一部分青少年的抑郁发展轨迹始终保持在不抑郁的状态。因此，从绝对水平来看，本研究中青少年抑郁水平并未随年龄的增长而增高。综上所述，本研究结果暗示着青少年的抑郁水平在群体中所处相对位置的变化大，且随着年龄的增长抑郁水平并未增高。因此需要更进一步探讨青少年抑郁的发展轨迹。

4.4.1.2 青少年抑郁发展轨迹

本研究发现，青少年抑郁发展的一般轨迹随年龄的增长而呈下降趋势。这一结果与Delgado等（2019）类似，但与大部分研究结果不一致（Wang et al., 2015; 曹丛, 2016; 侯金芹, 2013; 徐夫真, 2012; 杨逸群 等, 2015），不一致的原因可能有如下两方面：首先，大部分研究不仅考察青少年抑郁的发展轨迹，同时还考虑与青少年发展连贯的时期，如童年晚期到青少年、青少年到青少年中期、整个青春期或青春期到成年期等，如有研究发现，从青春期到成年期，个体抑郁水平逐渐下降（Mcphie et al., 2015）；其次，并非所有个体均遵循同样的发展轨迹，青少年抑郁水平发展同样也可能存在群体异质性和个体差异性（Ferdinand et al., 2005）；此外，青少年自身心理品质（如青少年积极品质发展）能够帮助其及时使用相应心理资源（如认知能力、情绪调节能力等）（Rutter, 2012; Khanlou et al., 2014; Waugh et al., 2011）以应对负性事件或不良情境，从而减少自身心理健康受到的消极影响（Connor et al., 2003; Niu et al., 2016；殷华敏 等，2018）。综上所述，为了更好地了解青少年抑郁发展轨迹，需进一步进行亚群组分析和探究相关因素对其发展轨迹的影响。

同时，本研究还发现青少年抑郁的发展存在五条异质性发展轨迹，分别为中等抑郁上升组、恶化组、抑郁恢复组、抑郁高风险组和持续不抑郁组；各轨迹亚组人数分布比例分别为19.68%、2.38%、6.15%、4.15%和67.64%。该结果与国内外很多对青少年抑郁发展轨迹的亚群组分类相似，可以在不同的研究中发现这五类亚群，如对于中等抑郁上升组，这一结果可能与Cao等（2018）和侯金芹等（2016）研究中的结果一致，青少年抑郁发展轨迹的初始点为中等抑郁，随着时间的推移，保持上升趋势；对于恶化组而言，这一结果可能与Cumsille等（2015）、Ellis等（2016）、侯金芹等（2016）研究中的结果一致，青少年抑郁发展轨迹的初始点为不抑郁，但随着时间的推移，抑郁水平持续增高；对于抑郁恢复组而言，这一结果可能Zhou等（2016）研究中的结果一致，青少年抑郁发展轨迹的初始点为高抑郁水平，但随着时间的推移，抑郁水平逐渐下降至不抑郁；对于抑郁高风险组而言，这一结果可能与Vaillancourt等（2017）、Cumsille等（2015）、Zhou等（2016）、徐夫真（2012）和杨逸群等（2014）研究中的结果一致，青少年抑郁发展轨迹的初始点为高抑郁水平，且呈持续增长趋势；对于持续不抑郁组而言，这一结果可能与徐夫真（2012）和杨逸群等（2014）研究中的结果一致，青少年抑郁发展轨迹的初始点为不抑郁，随着时间的推移始终保持不抑郁。此外，虽然被试样本追踪时间和测量工具等可能不一致，但在本研究中，持续不抑郁组所占比例最大，这一结果与Shore等（2017）对儿童青少年抑郁发展轨迹的元分析结果类似，暗示着其它亚群组，如“高”/“增加”/“减少”抑郁组等成员所占比例可能较小。

4.4.2 青少年抑郁亚组的预测因素

本研究的多分类因变量logistic回归结果表明，家庭功能、青少年积极品质发展能够显著预测青少年抑郁轨迹亚群组类型。具体来看，持续不抑郁组的青少年与其它四类抑郁发展亚组的青少年不存在显著的性别差异；相对于持续不抑郁组而言，青少年的家庭功能越好，进入中等抑郁上升组、抑郁恢复组和抑郁高风险组的发生比就越小；相对于持续不抑郁组而言，青少年积极品质发展越好，进入中等抑郁上升组、抑郁恶化组、抑郁恢复组和抑郁高风险组的发生比就越小。这暗示着对于青少年抑郁发展而言，良好的家庭环境（家庭功能）和个体心理资源（青少年积极品质发展）为保护性因素。

该结果与已有研究结果类似，如Cao等（2018）研究表明，相对于抑郁上升组而言，青少年母亲报告的积极教养水平越高，青少年抑郁发展轨迹更可能为持续低抑郁组和中等上升组，同时体验到母亲积极教养水平越高的青少年，最不容易发展为中等上升组。Wang 等人（2015）也发现，父母教养方式对青少年抑郁发展轨迹具有显著预测作用。父母沟通情况、亲子功能等显著预测个体抑郁发展轨迹（Delgado et al., 2019；Finan, 2016）。对此结果可能有如下解释：首先，良好的家庭功能，如积极的家庭沟通、和谐和支持状态，可以预测亲子之间的安全依恋，从而提升青少年的情绪调节能力，减少抑郁症状发生的可能性（Rawatlal et al., 2015）。此外，儿童、青少年往往是镜像学习（Cattaneo et al., 2009; Iacoboni et al., 2006），良好的家庭功能（如家庭氛围和谐，父母易于沟通）可以给青少年具象体验，促进形成积极的人际关系能力，从而降低抑郁症状的发生风险（Cornells et al., 2010; Rosenquist et al., 2011）。

此外，我们发现青少年积极品质发展对青少年抑郁的保护作用，此结果也与以往研究结果类似，印证了发展资源理论，即缺少相关的发展资源可能会导致青少年的抑郁症状（Canning et al., 2017; Jelicic et al., 2007; Olson et al., 2015）。比如，在中国香港地区和荷兰进行的一项跨文化研究发现，青少年积极品质发展对抑郁情绪和自杀意念具有缓冲作用（Leung et al., 2017）。可能的原因在于，积极品质发展得好的个体，有更多的心理资源（例如认知能力、人际交往能力、执行力等）。在遇到负性事件时，这些积极品质能够帮助他们以更好的心态和方式应对应激事件（Khanlou et al., 2014）。其次，积极品质发展得好的青少年，意向性自我调节的能力可能更强，在遇到困境时，他们能进行意向性自我调节，从而降低情绪失调的可能性（Gestsdóttir et al., 2007）。我们的研究成果进一步支持了青少年积极品质发展理论的主要观点，即积极品质的发展能预防和减少青少年的内外化问题行为。同时，也给未来的青少年干预工作带来一定的启示。

4.4.3 本研究的不足和展望

本研究采用纵向研究设计，以自我报告的方式测量了家庭功能、青少年积极品质发展与抑郁的水平，探讨了青少年早期抑郁发展轨迹及其与家庭功能、青少年积极品质发展的关系。本研究进一步深化了对青少年早期抑郁发展轨迹的探索和对家庭功能、青少年积极品质发展与青少年抑郁之间关系的理解，为青少年早期心理健康教育工作提供了实证研究依据。但由于测量方式、追踪次数等因素的影响，本研究仍存在一些不足之处。

首先，本研究所有的被试均来自深圳市公立学校，样本可能较局限，可能会带来一定程度的结果偏差。因此，未来的研究可以扩大调查范围，如包括私立学校等其它类型学校的学生，乃至在全国范围内进行调查等。

其次，本研究仅对被试进行了三年三次的追踪。从数据分析的角度来看，仅用三个时间点的测量数据考察青少年抑郁在此阶段的一次发展趋势，在一定程度上限制了研究者对青少年抑郁二次以及三次发展趋势的探索。因此，在未来的研究设计中，需要对青少年抑郁进行三次以上的追踪测量。

再次，本研究仅考察了家庭和个体因素对青少年抑郁的影响，未考察同伴因素对青少年抑郁的影响。研究表明，同伴对青少年的影响程度随年龄增长逐渐增加，良好的同伴关系是青少年积极健康发展的外部资源之一，也是青少年情绪健康发展的关键因素（Steinberg et al., 2007）。因此，在未来的研究设计中，将会把同伴因素和家庭因素、个体因素一同纳入考察，不仅考察其对青少年抑郁发展轨迹的影响，同时还需考察家庭因素、个体因素分别与同伴关系对青少年抑郁的交互作用。

4.5 结论

本研究采用纵向研究设计，通过对1301名青少年进行为期三年的追踪研究，考察青少年抑郁发展轨迹及其与家庭因素和个体因素（青少年积极品质发展和先前的抑郁水平）的关系。得到了以下主要结论：

① 随着间隔时间的增加，青少年抑郁的相对稳定性可能增加；同时，青少年抑郁的绝对稳定性随年龄的增长而先稳定后略有下降。

② 青少年抑郁发展的一般轨迹随年龄的增长可能呈下降趋势。同时，青少年抑郁的发展存在五条异质性发展轨迹，分别为中等抑郁上升组、恶化组、抑郁恢复组、抑郁高风险组和持续不抑郁组；各轨迹亚组人数分布比例分别为19.68%、2.38%、6.15%、4.15%和67.64%。

③ 相对于持续不抑郁组，女性比男性归属于中等抑郁上升组、恶化组和抑郁

高风险组概率更高；持续不抑郁组的青少年与其它四类抑郁发展亚组的青少年不存在显著的年龄、家庭结构和家庭收入的差异；相对于持续不抑郁组而言，家庭功能越高的青少年归属于中等抑郁上升组和抑郁高风险组的可能性就越小；相对于持续不抑郁组而言，青少年积极品质发展越好，进入中等抑郁上升组、恶化组和抑郁高风险组的发生比就越小。

参考文献

ADKINS D E, WANG V, DUPRE M E, et al., 2009. Structure and stress: Trajectories of depressive symptoms across adolescence and young adulthood [J]. Soc Forces, 88(1): 31-60.

BENSON P L, 1990. The troubled journey: A portrait of 6th-12th grade youth [M]. MN: Search Institute.

BOND L, TOUMBOUROU J W, THOMAS L, et al., 2005. Individual, family, school, and community risk and protective factors for depressive symptoms in adolescents: A comparison of risk profiles for substance use and depressive symptoms [J]. Prevention Science, 6(2): 73-88.

BOWEN K L, MORGAN J E, MOORE S C, et al., 2014. Young offenders' emotion recognition dysfunction across emotion intensities: Explaining variation using psychopathic traits, conduct disorder and offense severity [J]. Journal of Psychopathology & Behavioral Assessment, 36(1): 60-73.

BRONFENBRENNER U, 1977. Toward an experimental ecology of human development [J]. American Psychologist, 32(7): 513–531.

CANNING J, DENNY S, BULLENP, et al., 2017. Influence of positive development opportunities on student well-being, depression and suicide risk: The New Zealand Youth Health and Well-being Survey 2012 [J]. Kōtuitui New Zealand Journal of Social Sciences Online, 12 (2): 119-133.

CANTWELL D P, BAKER L, 1991. Manifestations of depressive affect in adolescence [J]. Journal of Youth & Adolescence, 20(2): 121-133.

CAO C, RIJLAARSDAM J, VOORT A V D, et al., 2018. Associations between dopamine d2 receptor (DRD2) gene, maternal positive parenting and trajectories of depressive symptoms from early to mid-adolescence [J]. Journal of Abnormal Child Psychology, 46(2): 365-379.

CATTANEO L, RIZZOLATTI G, 2009. The mirror neuron system [J]. Archives of Neurology, 66(5): 557-560.

CHI X, LIU X, HUANG Q, et al., 2020. The relationship between positive youth development and depressive symptoms among Chinese early adolescents: A three-year cross-lagged analysis [J]. International Journal of Environmental Research and Public Health, 17(17): 64-84.

CICCHETTI D, ROGOSCH F A, 1996. Equifinality and multifinality in developmental psychopathology [J]. Development and Psychopathology, 8(4): 597-600.

COHEN J, 1988. Statistical power analysis for the behavioral sciences [J]. Journal of the American Statistical Association, 2(334): 499-500.

COMPAS B E, EY S, GRANT K E, 1993. Taxonomy, assessment, and diagnosis of depression during adolescence [J]. Psychological Bulletin, 114(2): 323-344.

CONNOR K M, DAVIDSON J R T, 2003. Development of a new resilience scale: the Connor-Davidson resilience scale (CD-RISC) [J]. Depression & Anxiety, 2003, 18(2): 76-82.

CORNELLS C M, AMELING E H, JONGHE F, 2010. Life events and social network in relation to the onset of depression. A controlled study [J]. Acta Psychiatrica Scandinavica, 80(2): 174-179.

COSTELLO E J, ERKANLI A, ANGOLD A, 2006. Is there an epidemic of child or adolescent depression? [J] Journal of child psychology and psychiatry, and allied disciplines, 47(12): 1263-1271.

CUMSILLE P, MARTÍNEZ M, LORETO, et al., 2015. Parental and individual predictors of trajectories of depressive symptoms in Chilean adolescents [J]. International Journal of Clinical & Health Psychology, 15(3): 208-216.

DAMON W, 2004. What is positive youth development? [J]. The Annals of the American Academy of Political and Social Science, 591(1): 13-24.

DENNY S, FLEMING T, CLARK T C, et al., 2004. Emotional resilience: Risk and protective factors for depression among alternative education students in New Zealand [J]. American journal of orthopsychiatry, 74(2): 137-149.

DOZOIS D J A, DOBSON K S, 2004. The prevention of anxiety and depression: Introduction [M]//Dozois D J A. The Prevention of Anxiety and Depression: Theory, Research and Practice. Washington D.C.: The American Psychological Association.

ELLIS R E R, SEAL M L, SIMMONS J G, et al., 2016. Longitudinal trajectories of depression symptoms in adolescence: Psychosocial risk factors and outcomes [J]. Child Psychiatry & Human Development, 48(4): 1-18.

FERDINAND R F, NIJS P, LIER P V, et al., 2005. Latent class analysis of anxiety and depressive symptoms in referred adolescents [J]. Journal of Affective Disorders, 88(3): 299-306.

FINAN L J, 2016. Parent, peer, and sibling relationship factors and depression in adolescence and emerging adulthood: A growth curve analysis [D]. Newark: University of Delaware.

FLEMING J E, OFFORD D R, 1990. Epidemiology of childhood depressive disorders: A critical review [J]. Journal of the American Academy of Child & Adolescent Psychiatry, 29(4): 571-580.

FOSCO G M., GRYCH J H, 2008. Emotional, cognitive, and family systems mediators of children's adjustment to interparental conflict [J]. Journal of Family Psychology, 22(6): 843-854.

GE X, NATSUAKI M N, CONGER R D, 2006. Trajectories of depressive symptoms and stressful life events among male and female adolescents in divorced and nondivorced families [J]. Development and Psychopathology, 18(01): 253-273.

GESTSDÓTTIR S, LERNER R M, 2007. Intentional self-regulation and positive youth development in early adolescence: Findings from the 4-h study of positive youth development [J]. Developmental Psychology, 43(2): 508.

GOTLIB I H, JOORMANN J, 2010. Cognition and depression: Current status and future directions [J]. Annual Review of Clinical Psychology, 6: 285-312.

GRABER J A, 2013. Internalizing problems during adolescence [M]//Handbook of Adolescent Psychology, Second Edition. New Jersey: John Wiley & Sons, Inc.

HADIKAPETANOVI H, BABI T, BJELOEVI E, 2017. Depression and intimate relationships of adolescents from divorced families [J]. Medicinski glasnik : Official Publication of the Medical Association of Zenica-Doboj Canton, Bosnia and Herzegovina, 14(1).

HANKIN B L, 2006. Adolescent depression: Description, causes, and interventions [J]. Epilepsy & Behavior, 8(1): 102-114.

IACOBONI M, DAPRETTO M, 2007. The mirror neuron system and the consequences of its dysfunction [J]. Nature Reviews Neuroscience, 7: 942-951

JELICIC H, BOBEK D L, PHELPS E, et al., 2007. Using positive youth development to predict contribution and risk behaviors in early adolescence: Findings from the first two waves of the 4-H study of positive youth development [J]. International Journal of Behavioral Development, 31(3): 263-273.

KESSLER R C, AVENEVOLI S, MERIKANGAS K R, 2001. Mood disorders in children and adolescents: an epidemiologic perspective [J]. Biological Psychiatry, 49(12): 1002-1014.

KHANLOU N, WRAY R, 2014. A whole community approach toward child and youth resilience promotion: A review of resilience literature [J]. International Journal of Mental Health & Addiction, 1(12): 64-79.

KIM, YONG-KU, 2018. Gender differences in depression [J]. 10.1007/978-981-10-6580-4(24): 297-307.

LERNER R M, 2002. Concepts and theories of human development (3rd ed.)[M]. Mahwah, NJ: Lawrence Erlbaum.

LERNER R M, 2004. Liberty: Thriving and civic engagement among America's youth [M]. Thousand Oaks, CA: Sage.

LERNER R M, 2005. Positive youth development [J]. Journal of early adolescence, 25, 1: 10-16.

LEUNG J, SHEK D, 2016. Family functioning, filial piety and adolescent psycho-social competence in Chinese single-mother families experiencing economic disadvantage: Implications for social work [J]. British Journal of Social Work, 46(6): 1809-1827.

LI J B, MO P, LAU J, et al., 2018. Online social networking addiction and depression: The results from a large-scale prospective cohort study in Chinese adolescents [J]. Journal of Behavioral Addictions, 7(3): 686-696.

LI J B, LAU J T F, MO P K H, et al., 2017. Insomnia partially mediated the association between problematic internet use and depression among secondary school students in china [J]. Journal of Behavioral Addictions, 6(4): 554-563.

LIU J, BULLOCK A, COPLAN R J, et al., 2017. Developmental cascade models linking peer victimization, depression, and academic achievement in Chinese children [J]. British Journal of Developmental Psychology, 36(1): 47-63.

LOVIBOND P F, 1998. Long-term stability of depression, anxiety, and stress syndromes [J]. Journal of abnormal psychology, 107(3): 520.

MAHON N E, YARCHESKI A, YARCHESKI T J, 2003. Anger, anxiety, and depression in early adolescents from intact and divorced families [J]. Journal of Pediatric Nursing, 18(4): 267-273.

MCLEOD G F H, HORWOOD L J, Fergusson D M, 2016. Adolescent depression, adult mental health and psychosocial outcomes at 30 and 35 years [J]. Psychological Medicine, 1(7): 1-12.

MCPHIE M L, RAWANA J S, 2015. The effect of physical activity on depression in adolescence and emerging adulthood: A growth-curve analysis [J]. Journal of Adolescence, 40: 83-92.

MCWHINNIE C, ABELA J R Z, HILMY N, et al., 2008. Positive youth development programs: An alternative approach to the prevention of depression in children and adolescents [M]//J R Z H Abela. Handbook of Depression in Children and Adolescents. New York: Guilford Press: 354-373.

NAICKER K, GALAMBOS N L, ZENG Y, et al., 2013. Social, demographic, and health outcomes in the 10 years following adolescent depression [J]. Journal of Adolescent Health, 52(5): 533-538.

NIU G F, SUN X J, TIAN Y, et al., 2016. Resilience moderates the relationship between ostracism and depression among Chinese adolescents [J]. Personality & Individual Differences, 99: 77-80.

NYLUND K L, ASPAROUHOV T, MUTHÉN BENGT O, 2007. Deciding on the number of classes in latent class analysis and growth mixture modeling: A Monte Carlo Simulation study [J]. Structural Equation Modeling A Multidisciplinary Journal, 14(4): 535-569.

OLSON J R, GODDARD H W, 2015. Applying prevention and positive youth development theory to predict depressive symptoms among young people [J]. Youth & Society, 47(2): 222-244.

PATTERSON, DISHION G R, YOERGER T J, 2000. Adolescent growth in new forms of problem behavior: Macro- and micro-peer dynamics [J]. Prevention Science the Official Journal of the Society for Prevention Research, 1(1): 3-13.

PIZZAGALLI D A, 2014. Depression, stress, and anhedonia: Toward a synthesis and integrated model [J]. Annual Review of Clinical Psychology, 10(1): 393-423.

RAWATLAL N, KLIEWER W, PILLAY B J, 2015. Adolescent attachment, family functioning and depressive symptoms [J]. South African Journal of Psychiatry, 21(3): 6.

REITZ E, M. DEKOVIĆ, MEIJER A M, 2005. The structure and stability of externalizing and internalizing problem behavior during early adolescence [J]. Journal of Youth and Adolescence, 34(6): 577-588.

RODRIGUEZ D, MOSS H B, AUDRAIN-MCGOVERN J, 2005. Developmental heterogeneity in adolescent depressive symptoms: Associations with smoking behavior [J]. Psychosomatic Medicine, 67(2): 200-210.

ROSENQUIST J N, FOWLER J H, CHRISTAKIS N A, 2011. Social network determinants of depression [J]. Molecular Psychiatry, 16: 273–281.

RUTTER M., 2012. Resilience: Causal pathways and social ecology [M]// The Social Ecology of Resilience. New York: Springer: 43-42.

SHORE L, TOUMBOUROU J W, LEWIS A J, et al., 2018. Review: Longitudinal trajectories of child and adolescent depressive symptoms and their predictors-a systematic review and meta-analysis [J]. Child & Adolescent Mental Health, 23(2): 107-120.

STEINBERG L, MONAHAN K C, 2007. Age differences in resistance to peer influence. Developmental Psychology. 43(6): 1531-1543.

TRAVERS A S M, MAHALIK J R, 2019. Positive youth development as a protective factor for adolescents at risk for depression and alcohol use [J]. Applied Developmental Science, (7): 1-10.

VAILLANCOURT T, HALTIGAN J D, 2017. Joint trajectories of depression and perfectionism across adolescence and childhood risk factors [J]. Development & Psychopathology, 30(2): 1-17.

VERBOOM C E, SIJTSEMA J J, VERHULST F C, et al., 2014. Longitudinal associations between depressive problems, academic performance, and social functioning in adolescent boys and girls [J]. Developmental Psychology, 2014, 50(1): 247-57.

WANG Y C L, CHAN H Y, LIN C W, et al., 2015. Association of parental warmth and harsh discipline with developmental trajectories of depressive symptoms among adolescents in Chinese society [J]. Journal of Family Psychology, 29(6): 895-906.

WAUGH C E, THOMPSON R J, GOTLIB I H, 2011. Flexible emotional responsiveness in trait resilience [J]. Emotion, 11(5): 1059-1067.

WILLOUGHBY T, GOOD M, ADACHI P, et al., 2013. Examining the link between adolescent brain development and risk taking from a social-developmental perspective [J]. Brain and Cognition, 83(3): 315-323.

ZHOU Q, FAN L, YIN Z, 2018. Association between family socioeconomic status and depressive symptoms among Chinese adolescents: Evidence from a national household survey [J]. Psychiatry Res, 259: 81-88.

ZHOU Y, HAN Q, FAN F, 2016. Latent growth curves and predictors of depressive symptoms among Chinese adolescent earthquake survivors [J]. Personality & Individual Differences, 100: 173-178.

曹丛，2016. 多巴胺系统基因与母亲教养、同伴侵害对青少年早中期抑郁轨迹的影响[D]. 济南：山东师范大学.

常淑敏，张文新，2013.人类积极发展的资源模型——积极青少年发展研究的一个重要取向和领域[J].心理科学进展，21(001): 86-95.

方晓义，戴丽琼，房超，等，2006. 亲子沟通问题与青少年社会适应的关系[J]. 心理发展与教育，

022(003): 47-52.
冯正直, 2002. 中学生抑郁症状的社会信息加工方式研究[D]. 重庆: 西南师范大学.
冯正直, 张大均, 2005. 中学生抑郁症状的流行病学特征研究[J]. 中国行为医学科学, 14(02): 11-13.
郭海英, 刘方, 刘文, 等, 2017. 积极青少年发展: 理论、应用与未来展望 [J]. 北京师范大学学报(社会科学版), (06): 5-13.
侯金芹, 2013. 父母抑郁与青少年抑郁的关系——自上而下的代际传递还是自下而上的反作用? [D]. 北京: 中国科学院大学.
黄垣成, 赵清玲, 李彩娜, 2021. 青少年早期抑郁和自伤的联合发展轨迹: 人际因素的作用[J]. 心理学报, 53(5): 515-526
罗伏生, 沈丹, 张珊明, 2009. 青少年焦虑和抑郁情绪特征研究[J]. 中国临床心理学杂志, 17(4): 468-470.
王孟成, 邓俏文, 毕向阳, 2017. 潜变量建模的贝叶斯方法[J]. 心理科学进展, 25(10): 1682-1695.
王明忠, 范翠英, 周宗奎, 等, 2014. 父母功能影响青少年抑郁和社交焦虑——基于认知.情境理论和情绪安全感理论[J]. 心理学报, 46(1): 90-100.
王玉龙, 覃雅兰, 肖璨, 等, 2016. 父母功能与青少年自伤的关系:一个有调节的中介模型[J]. 心理发展与教育, 32(3): 377-384.
肖雪, 刘丽莎, 徐良苑, 等, 2017. 父母功能、亲子关系与青少年抑郁的关系:独生与非独生的调节作用[J]. 心理发展与教育, 33(4): 468-476.
熊红星,张璟,叶宝娟,等,2012. 共同方法变异的影响及其统计控制途径的模型分析[J]. 心理科学进展,20(5): 757-769.
徐夫真,2012. 青少年早期抑郁的发展及其与家庭、同伴和个体因素的关系[D]. 济南: 山东师范大学.
杨逸群,郑珊珊,魏星,等,2014. 童年晚期至青少年早期抑郁的发展轨迹:同伴侵害与自我概念的预测作用[C]//中国心理学会. 第十七届全国心理学学术会议论文摘要集.
殷华敏,牛小倩,董黛,等,2018. 家庭社会经济地位对青少年抑郁的影响:自尊的中介作用和心理韧性的调节作用[J]. 心理研究,11(5): 465-471.

5

深圳青少年内外化问题行为发展变化及影响因素

摘要：青少年内外化问题行为一直是学者们重点关注的研究领域，但追踪研究较少。本研究通过大样本追踪研究，探讨青少年内外化问题行为从初一到初三的发展特点，以及个人和家庭因素对青少年内外化问题行为的影响，采用包含青少年积极品质发展量表、家庭功能量表、青少年危险行为评定量表和社会人口学信息问卷对深圳市5所中学2016级1301名初一学生进行每年一次，为期三年的追踪测查。结果表明：① 总体而言，青少年各种外化问题行为的检出率是8.15%—36.66%。青少年暴力行为的检出率最高，逃学行为的检出率最低；初二的青少年各种外化问题行为的检出率略高于初一，但不存在显著差异，而初三部分外化问题行为检出率比初二略有下降。② 从初一到初二，青少年内化问题和外化问题行为保持稳定，初三轻度减少；内化问题显著多于外化问题行为。③ 男生表现较多的外化问题行为，女生表现较多的内化问题。④家庭功能发挥越好，青少年的内外化问题行为越少。⑤青少年积极品质发展水平越高，内外化问题行为越少。研究结论：青少年内外化问题行为从初一到初二保持稳定，初三减少；内化问题多于外化问题行为；性别、家庭功能、青少年积极品质发展是预测青少年内外化问题行为的重要因素。

关键词：青少年；内外化问题行为；影响因素；发展变化

5.1 引子

青少年时期是人生发展过程中的关键时期，青少年的生理和心理都发生着剧烈变化，不良适应行为出现的频率和程度也在发生着剧烈变化，如抑郁情绪及违纪行为等内外化问题行为在青春期开始凸显（Ge et al., 2006）。内化问题主要指个体心理内部的情绪情感，如焦虑、抑郁、退缩等；外化问题行为指个体对外部环境作出消极反应的一系列外向性行为问题，如攻击、违纪等(高鑫 等，2016)。我国学者对外化问题行为做了很多研究，如发现青少年在过去一年中尝试过逃学或逃家的比例分别为3.1%和20.1%（罗春燕 等，2003），与人打架的比例达到25%（熊文艳 等，2012）。内化问题方面，有学者发现初中生和高中生的抑郁检出率分别为22.20%和33.91%（罗伏生 等，2009），高中生的考试焦虑检出率达到65.2%（周玮 等，2006）。由此可见，我国青少年的内外化问题行为普遍存在。

5.1.1 理论基础

Bronfenbrenner（1977）的生态系统理论认为，微观系统、中间系统、外层系统和宏观系统围绕个体组成一个有层次的系统，个体是系统的中心，家庭是微观系统最主要的组成部分，是个体社会化的第一场所。个体自身与家庭系统在个体成长和发展中发挥着重要作用，对青少年发展产生重要的影响。

从个体因素而言，首先，青春期生理变化对男女生影响不同，如月经期黄体酮和雌激素的分泌会导致女性对外界事物更加敏感，心思变得更加细腻，更容易感受到负面情绪（如抑郁情绪）(Steiner et al., 2003; 吴梦莹 等, 2014；Yuan et al., 2009；Wiesner，2003）；而由于雄性激素的影响，男性在青春期更容易通过吸烟、反抗、过度好动等外化行为寻求刺激（方晓义 等，2001；俞国良 等，2001）；此外，在年龄方面，由于感觉寻求水平在青春期迅速上升，高水平感觉寻求会促使青少年参与不良行为（如吸烟、喝酒、打架等），因此处于青春期的青少年其年龄越大，越容易出现问题行为（王素华 等，2013；张卫 等，2016）。

就家庭系统而言，家庭经济社会地位（SES）在青少年的成长和发展方面起到重要作用，经济地位高的家庭能够对子女的成长和发展投资更多人力、经济及社会资本，有利于促进孩子的心理健康及适应能力发展，而家庭经济地位较低的孩子由于缺乏资源而可能出现问题行为（程刚 等，2019）。研究发现，父母的受教育水平越高，孩子的心理越健康，不良行为越少（Sonego et al., 2013）；家庭经济水平越低，青少年越容易出现打架、抑郁和焦虑等现象（叶婷 等，2012）。此外，家庭结构的变化（离婚或再婚）也会影响到青少年的内化问题与外化问题行为（Sourander et al., 2005）。家庭功能是家庭系统中另外一个重要变量，研究发现家庭功能对青少年内外化问题行为具有显著的预测作用，家庭功能发挥越好，父母温暖、父母支持（王素华 等，2014）越多，青少年的问题行为就越少（胡宁 等，2009）；但家庭功能缺失，如父母发生冲突，青少年就会出现内外化问题行为，例如抑郁、网络成瘾、吸烟（陈武 等, 2013；程绍珍 等, 2007；邓林园 等, 2013；范航 等, 2018；方晓义 等, 2001；Gryczkowski et al., 2010；Sheeber et al., 1997；Shek, 2002）等。

5.1.2 心理资本与内外化问题行为的关系

心理资本指个体在成长和发展过程中所表现出来的一种积极心理状态(Luthans et al., 2007)。心理资本的直接效应模型（direct effect model）/主效应模型（main effect model）认为心理资本会对个体的行为、情感和态度产生影响。青少年积极品质发展是青少年重要的心理资本，积极品质主要包括联结、心理韧性、社会能力、情绪能力、认知能力、行为能力、道德能力、自我决定、精神灵性、自我效能感、积极同一性、未来信念、积极行为识别、亲社会活动参与机会和亲社会规范15个方面的品质。目前，已有研究证实，积极品质发展特性能显著负向预测青少年的内外化问题行为，如自我效能感能显著负向预测焦虑、神经质和抑郁（Muris, 2002），心理韧性能显著负向预测青少年抑郁（牛更枫 等, 2015），也有研究发现青少年积极品质发展的高阶维度（亲社会属性、积极认同和认知行为能力）能够显著负向预测青少年抑郁（Leung et al., 2017），青少年积极品质发展能显著负向预测青少年网络成瘾（Yu et al., 2013），道德能力（moral competence）可以显著预测青少年外化问题行为（如犯罪、吸烟、喝酒、赌博等）（Shek et al., 2019），亲社会行为与问题行为呈显著负相关（Ludwig et al., 1999；Padilla-Walker et al., 2015）。由此可见，青少年积极品质发展的多个维度与青少年内外化问题行为的某些维度关系密切，但在中国，对两者之间关系的研究非常少，然而，随着中国社会的迅猛发展，已有青少年出现各种危险行为，研究积极品质发展和青少年危险行为的任务已经迫在眉睫，本研究通过纵向研究综合考察积极品质发展对青少年内外化问题行为的影响，为将来干预青少年内外化问题行为、促进青少年积极发展提供理论基础。

5.1.3 问题提出

5.1.3.1 已有研究不足

尽管以往研究对青少年内外化问题行为进行了一定的探讨，但大部分研究都只是从横断面角度考察青少年一种或几种问题行为，鲜有全面了解青少年内外化问题行为发生发展特点的追踪研究，也鲜有从追踪角度来考察个人和家庭因素对青少年适应行为的预测力的研究。另外，深圳作为中国特色社会主义先行示范区及经济特区，深圳青少年的发展得到社会的广泛关注，如何帮助青少年规避风险和侵害，促进青少年的积极发展，成为当前社会发展的重要需求，然而目前对该地区青少年内外化问题行为研究甚少。

5.1.3.2 拟研究的问题及意义

基于此，本研究提出三个研究目的：① 通过三年的纵向研究了解青少年内外化问题行为发展特点。② 通过三年的纵向研究考察个人因素（性别、年龄）和家庭因素（家庭收入、家庭结构、家庭功能）对青少年内外化问题行为的影响。③ 在控制个人因素和家庭因素的基础上，通过三年的纵向研究考察青少年积极品质发展对青少年内外化问题行为的影响，为将来青少年问题行为的预防和干预提供理论支撑和实践建议。

5.2 方法

5.2.1 被试

被试的具体信息见“1.3.1研究对象”。

5.2.2 施测程序

具体程序见“1.3.2研究主要过程及活动”。

5.2.3 研究工具

研究工具包括青少年积极品质发展量表、家庭功能量表、危险行为评定量表，以及社会人口学信息（年龄、性别等）问卷，具体工具使用介绍见“1.3.3研究工具”。

5.2.4 统计分析

首先，将数据录入计算机，进行描述性分析；其次，通过重复测量方差分析考察青少年内外化问题行为的发展特点；接着，采用SPSS 21.0进行皮尔逊相关分析考察各个变量之间的相关关系；最后，把所有连续变量中心化，使用分层多元回归分析考察第一年的个人及家庭因素、青少年积极品质发展水平分别对第一年、第二年、第三年内外化问题行为的预测。

5.3 结果

5.3.1 共同方法偏差的控制与检验

由于本研究采用被试自我报告方式收集数据，可能会存在共同方法偏差，因此，在程序上采用被试匿名填写问卷、主试指导语统一化、部分项目使用反向题等方法进行相应控制。为进一步提高研究严谨性，在数据收集完成后，采用Harman单因子检验法进行共同方法偏差的检验，结果发现，三年的数据中，特征值大于 1 的因子分别有7个、7个、6个，第一个因子解释的变异量分别为26.97% 、28.70%、37.13%，均小于 40% 的临界标准（周浩 等，2004），说明本研究不存在严重的共同方法偏差问题。

5.3.2 青少年外化问题行为的检出率

前述章节已对青少年内化问题中的典型问题——网瘾和抑郁进行了具体分析，本章探究青少年外化问题行为在初一到初三的检出率。由于外化问题行为子量表内容较多，一一分开来看，比较烦琐，本章便从四种外化问题行为的所有题目中各选取一项典型的、受到广泛关注的问题行为来进行具体分析，把“几乎没有过”“有时会这样”“经常这样”和“一直以来就这样”的回答编码为“是”，把“从来没有”的回答编码为“否”。从表5-1中可知，青少年暴力行为在初一、初二、初三的检出率分别为35.75%、36.66%和29.44%；青少年不服管教在初一、初二、初三的检出率分别为19.14%、19.37%、13.37%；青少年逃家行为在初一、初二、初三的检出率分别为8.61%、10.84、10.45%；青少年逃学行为在初一、初二、初三的检出率分别为8.15%、10.84%、9.68%；青少年偷窃行为在初一、初二、初三的检出率分别为15.99%、15.68%、12.22%。总体而言，青少年暴力行为的检出率最高，逃学行为的检出率最低；此外，初二青少年的各种外化问题行为检出率略高于初一，但不存在显著差异（暴力行为：$\chi^2 = 0.34, p > 0.5$; 不服管教：$\chi^2 = 0.01, p > 0.5$; 逃家：$\chi^2 = 0.01, p > 0.5$; 逃学：$\chi^2 = 2.76, p > 0.5$；偷窃：$\chi^2 = 0.03, p > 0.5$）；初二时，部分外化问题行为检出率显著高于初三，具体而言，初二和初三的暴力行为（$\chi^2 = 18.25$，$p < 0.001$）、不服管教（$\chi^2 = 19.38$，$p < 0.001$）和偷窃（$\chi^2 = 7.20$，$p < 0.001$）的检出率均存在显著性差异，但逃学（$\chi^2 = 0.07$，$p > 0.5$）和逃家行为（$\chi^2 = 0.94$，$p > 0.5$）的检出率不存在显著性差异。

表5-1　青少年外化问题行为的检出率

变量	题目	初一	初二	初三
暴力行为	我曾经拿桌椅等发泄过自己的不满情绪。	465（35.74%）	477（36.66%）	383（29.44%）
不服管教	我们几个同学总是和某个老师“对着干”。	249（19.14%）	252（19.37%）	174（13.37%）
逃家	我曾为逃避父母管教去同学家住过。	112（8.61%）	141（10.84%）	136（10.45%）
逃学	我曾逃过课和朋友出去玩或干别的事。	106（8.15%）	141（10.84%）	126（9.68%）
偷窃	我偷过父母或同学的钱。	208（15.99%）	204（15.68%）	159（12.22%）

5.3.3　青少年内外化问题行为的发展变化

除了对典型和具体的外化问题行为（暴力行为、不服管教、逃家、逃学、偷窃）和内化问题（抑郁、网瘾）分析外，本章进一步从综合的视角，对青少年问题行为进行分析，结果发现青少年的问题行为区分度不够，无法达到进行潜在增长类别模型考察的标准（每一种分类中有一个类别的人数比例低于1%），不能使用潜在类别增长模型考察青少年内外化问题行为的发展轨迹，故只能使用重复测量方差分析考察青少年内外化问题行为的发展变化（见表5-2）。对青少年内化问题进行重复测量方差分析发现，时间主效应显著[F（2,2600）= 22.06，$p < 0.001$，$\eta^2 = 0.039$]。之后分别对相邻时间点的青少年内化问题进行配对样本 t 检验，结果表明，青少年内化问题在初一、初二间差异不显著（$t = 1.07$, $p > 0.05$, Cohen's $d = 0.04$）；青少年内化问题在初二、初三间差异显著，但效应量较小($t = 4.76$, $p < 0.001$, Cohen' s $d = 0.15$)，说明青少年在初一到初二期间内化问题发生率保持稳定，到初三稍微减少。

对青少年外化问题行为进行重复测量方差分析发现，时间主效应显著[F（2,2600）=17.26，$p < 0.001$，$\eta^2 = 0.024$]。之后分别对相邻时间点的青少年外化问题行为进行配对样本 t 检验，结果表明，青少年外化问题行为在初一、初二间差异不显著（$t = -0.91$, $p > 0.05$, Cohen' s $d = -0.03$）；青少年外化问题行为在初二、初三间差异显著，但效应量较小（$t = 5.08$, $p < 0.001$, Cohen' s $d = 0.19$），说明青少年在初一到初二期间外化问题行为发生率保持稳定，到初三稍微减少。

对同一时间的青少年内外化问题行为进行配对样本t检验，结果表明，初一到初三，内化问题与外化问题行为差异显著（T1: t =35.75，$p < 0.001$，Cohen' s $d = 0.98$；T2:t = 32.94，$p < 0.001$，Cohen' s $d = 0.85$；T3:t =29.95，$p < 0.001$，Cohen' s $d = 0.77$），说明内化问题显著多于外化问题行为。

表5-2　内外化问题行为的平均数、标准差及重复测量方差检验结果

测试时间	内化问题		外化问题行为		对比
	M	SD	M	SD	t
初一	1.89	0.67	1.36	0.37	35.75***
初二	1.86	0.70	1.37	0.41	32.94***
初三	1.75	0.72	1.29	0.44	29.95***
F值	F（2,2600）=22.06***		F（2,2600）=17.26***		

注：***$p<0.001$。

5.3.4 各变量间的相关分析

如表5-3所示，性别与初一、初三青少年内化问题显著正相关（$r = 0.07$，$p < 0.01$；$r = 0.14$，$p < 0.001$），与初一、初二青少年外化问题行为显著负相关（$r = -0.10$，$p < 0.001$；$r = -0.07$，$p < 0.05$）；年龄与初一青少年外化问题行为呈显著正相关（$r = 0.09$，$p < 0.001$）；家庭结构与初一、初二青少年内化问题显著正相关（$r = 0.08$，$p < 0.01$；$r = 0.14$，$p < 0.001$）；家庭收入与初一、初三青少年内化问题均呈显著负相关（$r = -0.08$，$p < 0.01$；$r = -0.07$，$p < 0.05$）；家庭功能与三年的青少年内外化问题行为均呈显著负相关（内化：$r = -0.41$，$p < 0.001$；$r = -0.18$，$p < 0.001$；$r = -0.31$，$p < 0.001$；外化：$r = -0.41$，$p < 0.001$；$r = -0.17$，$p < 0.001$；$r = -0.26$，$p < 0.001$）；青少年积极品质发展与三年的青少年内外化问题行为均呈显著负相关（内化：$r = -0.52$，$p < 0.001$；$r = -0.19$，$p < 0.001$；$r = -0.33$，$p < 0.001$；外化：$r = -0.42$，$p < 0.001$；$r = -0.20$，$p < 0.001$；$r = -0.24$，$p < 0.001$）。

5.3.5 个人和家庭因素对青少年适应行为的回归分析

采用分层多元回归分析考察个人和家庭因素对青少年三年间内化问题和外化问题行为各维度的影响（enter法）。下一层变量进入模型后，上一层变量则自动成为控制变量。表5-4则为纳入所有层变量后的回归分析结果。

如表5-4所示，性别显著正向预测初一、初三青少年的内化问题（T1: $\beta = 0.09$，$t = 3.01$，$p < 0.01$；T3: $\beta = 0.14$，$t = 4.82$，$p < 0.001$），显著负向预测初一、初二青少年的外化问题行为（T1: $\beta = -0.09$，$t = -3.27$，$p < 0.001$；T2: $\beta = -0.06$，$t = -2.00$，$p < 0.05$）；家庭功能显著负向预测三年的青少年内外化问题行为（内化，T1: $\beta = -0.39$，$t = -13.75$，$p < 0.001$；T2: $\beta = -0.12$，$t = -3.87$，$p < 0.001$；T3: $\beta = -0.30$，$t = -10.13$，$p < 0.001$；外化，T1: $\beta = -0.41$，$t = -14.20$，$p < 0.001$；T2: $\beta = -0.13$，$t = -4.25$，$p < 0.001$；T3: $\beta = -0.25$，$t = -8.12$，$p < 0.001$），表明家庭功能越健全，青少年不良适应行为表现越少；青少年积极品质发展显著负向预测青少年的内外化问题行为（内化，T1: $\beta = -0.39$，$t = -12.80$，$p < 0.001$；T2: $\beta = -0.11$，$t = -3.07$，

表5-3　各变量间的相关分析

变量	1	2	3	4	5	6	7	8	9	10	11	12
1. 性别	1											
2. 年龄	−0.12***	1										
3. 家庭结构	0.002	−0.002	1									
4. 家庭收入	−0.05	−0.13***	−0.07*	1								
5. 家庭功能	0.04	−0.02	−0.18***	0.12***	1							
6.青少年积极品质发展	0.03	−0.05	−0.09**	0.12***	0.52***	1						
7. T1内化问题	0.07**	0.05	0.08**	−0.08**	−0.41***	−0.52***	1					
8. T2内化问题	0.03	0.01	0.07*	−0.04	−0.18***	−0.19***	0.28***	1				
9. T3内化问题	0.14***	0.03	0.05	−0.07*	−0.31***	−0.33***	0.49***	0.28***	1			
10. T1外化问题行为	−0.10***	0.09***	0.04	−0.04	−0.41***	−0.42***	0.61***	0.20***	0.31***	1		
11. T2外化问题行为	−0.07*	0.03	0.04	−0.04	−0.17***	−0.20***	0.21***	0.61***	0.20***	0.29***	1	
12. T3外化问题行为	−0.008	0.03	0.05	0.002	−0.26***	−0.24***	0.33***	0.18***	0.65***	0.34***	0.24***	1

注：T1、T2、T3表示初一、初二、初三。
*p<0.05，**p<0.01，***p<0.001。

$p < 0.001$；T3: $\beta = -0.20$，$t = -6.00$，$p < 0.001$；外化，T1: $\beta = -0.25$，$t = -7.83$，$p < 0.001$；T2: $\beta = -0.14$，$t = -4.08$，$p < 0.001$；T3: $\beta = -0.11$，$t = -3.14$，$p < 0.001$）；年龄、家庭结构、家庭收入对三年青少年适应行为的预测均不显著。

表5-4　社会人口学变量分别对T1、T2、T3青少年内外化问题行为的回归分析结果

变量	T1 内化问题	T2 内化问题	T3 内化问题	T1外化 问题行为	T2外化 问题行为	T3外化 问题行为
第一层						
性别	0.09**	0.03	0.14***	−0.09***	−0.06*	0.008
年龄	0.04	0.001	0.03	0.06	−0.007	0.01
家庭结构	0.01	0.05	0.008	−0.03	0.02	0.01
家庭收入	−0.02	−0.02	−0.02	0.009	−0.02	0.04
家庭功能	−0.39***	−0.12***	−0.30***	−0.41***	−0.13***	−0.25***
ΔR^2	0.16***	0.02***	0.11***	0.17***	0.02***	0.06***
第二层						
积极青少年发展	−0.39***	−0.11**	−0.20***	−0.25***	−0.14***	−0.11**
ΔR^2	0.27***	0.02**	0.13***	0.22***	0.03***	0.07**

注：T1、T2、T3表示初一、初二、初三。
*p<0.05，**p<0.01，***p<0.001。

5.4　讨论

5.4.1　青少年内外化问题行为发展特点

本研究发现青少年存在一定的问题行为，青少年各种外化问题行为的检出率在8.15%到36.66%之间，该结果与一项深圳市青少年外化问题行为研究的结果类似（Chi et al. 2020），也与中国香港10至18岁青少年报告的结论（包括偷窃、逃学、逃离家乡；Shek et al., 2016），以及对中国内地7至12年级学生的研究结论（包括逃学、吸烟和酗酒；Zhang et al., 2019）相当。但是，这些研究中的检出率明显低于以前在美国12至18岁青少年中进行的研究（包

括逃学、偷窃、离家出走、帮派战斗、饮酒）（Grant et al., 2011；Kann et al., 2018; Pergamit, 2010; Vaughn et al., 2013）。这种差异可能是由于社会化环境不同。在特定的文化中，青少年在社会化互动过程中会产生不同类型和频率的外化问题行为。相比西方社会，中国文化强调集体主义、儒家思想和人际和谐。中国父母倾向于对孩子的生活进行更多的控制和参与，学校压力很大，纪律严明。这有助于中国青少年重视服从，整合和尊重社会秩序。此外，西方国家强调以行动为导向的个人应对策略，而情感和自律通常被强调为中国文化应对方式发展的核心（Ma et al., 2013）。因此，在养育、教育和应对机制中，中国文化可能有助于降低外化问题行为发生的可能性（Jessor et al., 2003）。

具体来看，初一和初二的问题行为差异不明显，到初三时，不良行为轻度下降。这可能有几点原因，一是随着不良行为的出现和曝光，学校老师可能会在班上点名批评甚至全校通报批评，老师和家长会对这群孩子的行为进行充分的监督和控制，从而使孩子不良行为减少；二是到了初三，老师和父母都期望孩子能为人生中第一次重大考试（中考）全力以赴，对孩子的行为管理也更加严格，使孩子们学业变得更加繁重，用在学习上的时间会大幅度增加，从而很大程度上减少了他们参与内外化问题行为的频率，使整个初三期间，孩子们的不良行为减少（陈晓 等，2016）；三是从青春期中期起，青少年的大脑结构已经发展到一定的阶段，他们对刺激、兴奋体验的感觉寻求下降，对参与不良行为也失去了一定的兴趣，也就较少参与不良行为了（安桂花，2015；胡春梅 等，2017；Steinberg et al.，2008）。此外，本研究发现，初一到初三，内化问题显著多于外化问题行为，这与以往的研究结果一致（余萌 等，2017），由于抑郁、焦虑等内化问题不容易被察觉（侯金芹 等，2013），父母和老师没有相关的专业技术对有内化问题的孩子进行引导，而外化问题行为则容易通过行为控制得到纠正，故青少年的内化问题显著多于外化问题行为。

5.4.2 个人和家庭因素与青少年内外化问题行为的关系

本研究发现，性别和家庭功能是影响青少年内外化问题行为的重要因素。总体来看，男性表现较多的外化问题行为，女性表现出较多的内化问题。该结果与以往的研究结果一致（余萌 等，2017），总的来说，男生由于雄性激素的影响，比女生更好动、调皮和反抗，更喜欢参与冒险（如飙车、打架）和不适应行为（王志梅，2003；俞国良 等，2001），在人际交往中也更倾向于通过行为表达达到目的（Kinsfogel et al., 2004）。而女性比较安静、乖巧（王志梅，2003），在人际交往中倾向于通过抑制情绪避免冲突（Simon et al., 2010）。此外，在初三阶段，学业和升学压力增大，大部分女生更不喜欢运动（周焕宁等，2017），无法释放压力，加上女孩对自身外形发育以及同伴关系比较敏感，这导致女孩容易出现焦虑和抑郁情绪、退缩等内化问题（丁雪辰 等，2012；庄勋 等，2007）。基于该研究结果，建议家长、老师关注男生的外化问题行为，及时引导和纠正，同时，细心观察女生的焦虑、抑郁情绪及退缩行为等，及时给予支持和帮助。

此外，家庭功能显著负向预测三年的青少年内外化问题行为，即家庭功能发挥越好，青少年的内外化问题行为就会越少，这与以往研究结果相一致（胡宁 等，2009；李晓巍 等，2008；Shek, 1997）。这可以解释为，一是家庭功能发挥好的家庭，父母与孩子之间的关系更良好，父母给予孩子温暖和理解，有助于青少年积极、正向情绪的激发，减少或避免不良行为（王素华 等，2014）。二是功能良好的家庭中，父母的教养水平较高，对孩子的行为、交往和生活也更了解,更能预见孩子的思想和行为发展,更能把孩子的思想、行为维持在正常的轨道之中（屈智勇等，2009）。三是功能良好的家庭中，亲子沟通可能更好，可以让孩子在沟通过程中获得情感支持，有效的沟通也能让父母及时纠正孩子的不良想法和行为，不必向不良同伴寻求情感支持，减少不良同伴的影响（万晶晶 等，2008）。该研究启发我们家庭功能的发挥可以预防或者减少青少年的不良行为，建议要以家庭为基础，注重改善亲子关系，增加家庭成员之间的沟通和理解，发挥家庭功能的最佳作用，减少青少年的不良行为。

5.4.3 青少年积极品质发展对青少年内外化问题行为的影响

青少年积极品质发展显著负向预测三年的青少年内外化问题行为，即青少年积极品质发展水平越高，青少年的内外化问题行为就越少。以往研究发现，青少年积极品质发展作为一种心理资本，也是青少年的保护因素，能够帮助个体寻找积极的心理资源，即心理资本水平高的个体在遇到困难时会发挥自己的心理资源，采取积极的应对方法，如向朋友和亲人寻求解决方式，促使个体的积极发展，拥有积极的心理状态；此外，具有高水平积极品质发展的青少年，拥有乐观、积极向上的心态，这让他们能够应对困难和逆境，减少负面情绪的困扰（Chi et al., 2020）；同时，青少年积极品质发展水平高的个体能够认同积极行为和积极身份，进而减少或避免出现内外化问题行为。该研究结果启示我们，培养青少年的积极品质（如情绪能力、心理韧性、积极行为认同等），能帮助青少年健康发展。

5.4.4 本研究的不足和展望

首先，本研究只追踪了青少年青春期的前半段（11—15岁），将来的研究可以持续追踪到高三以考察青少年时期完整的发展轨迹。其次，青少年适应行为在本研究中是一个概括性的指标，将来可以把内部指标细分，如抑郁、焦虑等，具体考察个人与家庭因素具体对哪些内外化问题行为有影响，为今后开展有针对性的预防和干预工作指明方向。再次，本研究采用问卷的形式由青少年进行自我报告，该结果可能带有主观偏差。在今后的研究中，可结合父母报告和教师报告等多主体评定法来多方面考察青少年行为问题。最后，本研究是在深圳进行，深圳是新兴的沿海发达大城市，其地理位置、人口构成、经济发展、城市发展历史等方面都与我国中西部城市差异较大，其结论可能无法推论到全国，未来的研究可以在其他地区进行抽样，以便得到更确切的结论并将其推广到更广泛的人群。

5.4.5 本研究的启示

本研究尝试考察个人因素和家庭因素对青少年内外化问题行为的影响，并在心理资本的理论下考察青少年积极品质发展对青少年内外化问题行为的影响，结果发现性别、家庭功能、青少年积极品质发展对青少年内外化问题行为具有显著的预测作用，启示教育者、社会工作者在对青少年内外化问题行为进行预防和干预时，对于男生出现的外化问题行为和女生容易出现的内化问题应及时发现和引导，由于焦虑、抑郁、退缩等问题不容易察觉，故需要仔细留意和观察，对出现抑郁、焦虑情绪的学生给予及时支持，也要关注积极品质发展水平低、家庭功能不良的学生，鼓励营造家庭成员之间融洽的氛围，多给予孩子支持和关爱；学校和老师开展青少年积极品质发展的课程和活动，提升青少年的积极品质发展水平，促进青少年的积极发展。

青少年时期是人格塑造的关键时期，但由于心理和生理发展不平衡以及应对能力不足，此时的青少年容易受到负面生活事件的影响而产生内化问题（如抑郁和焦虑等），长期的情绪低落和焦虑紧张会耗尽青少年的心理资源，进而导致青少年失去信心，形成脆弱的、不健全的人格。

同时，青少年时期也是树立正确价值观的重要时期，此时的青少年接触面增大，生活圈子不仅局限于家庭和学校，而是扩大到社会（与朋友外出游玩、购物等），对新鲜的事物好奇，迫切尝试；但是，此时的青少年正处于自我同一性混乱的时期，对某些事物无法做出正确的判断，比如参与打架以显示自己的强大力量。

为此，家长和教育工作者要及早发现、及早干预孩子的内外化问题行为，采取积极的培养方式来培养孩子的健全人格，培养孩子的抗逆力，发展孩子的亲社会行为。比如中国香港的“成长的天空计划（小学）”（钟宇慧，2009），四年级至六年级的学生都接受由教师辅导的“发展课程”，有成长需要的学生以小组形式参加“辅助课程”或个案辅导。另外，还有家长工作坊、亲子活动、教师工作坊、社区活动等，主要从个体、家庭、学校和社区层面提升学生的效能感、归属感和乐观感，增强孩子的抗逆力，减少孩子的内外化问题行为。

5.5 结论

本研究采用纵向研究设计，通过对1301名青少年进行为期三年的追踪研究，考察青少年内外化问题行为的发展变化及其与家庭功能和青少年积极品质发展的关系。得到了以下主要结论：

① 总体而言，青少年各种外化问题行为的检出率在8.15%—36.66%之间。青少年暴力行为的检出率最高，逃学行为的检出率最低；初二青少年的各种外化问题行为的检出率略高于初一，但不存在显著差异，而初三青少年外化问题行为检出率比初二略有下降。

② 重复测量方差分析结果表明，从初一到初二，青少年内化问题和外化问题行为保持稳定，到初三时减少；内化问题显著多于外化问题行为。

③ 男生表现较多的外化问题行为，女生表现较多的内化问题。

④ 家庭功能发挥越好，青少年的内外化问题行为越少。

⑤ 青少年积极品质发展水平越高，青少年的内外化问题行为越少。

参考文献

BRONFENBRENNER U, 1977. Toward an experimental ecology of human development [J]. American Psychologist, 32: 513–531.

CHI X, CUI X, 2020. Externalizing problem behaviors among adolescents in a southern city of China: Gender differences in prevalence and correlates [J]. Children and youth services review, 119.

CHI X, LIU X, HUANG Q, et al., 2020. The relationship between positive youth development and depressive symptoms among Chinese early adolescents: A three-year cross-lagged analysis [J]. International Journal of Environmental Research and Public Health, 17(17): 64–84.

GE X, NATSUAKI M N, CONGER R D, 2006. Trajectories of depressive symptoms and stressful life events among male and female adolescents in divorced and nondivorced families [J]. Development and Psychopathology, 18(01): 253–273.

GRANT J E, POTENZA M N, KRISHNAN-SARIN S, et al., 2011. Stealing among high school students: Prevalence and clinical correlates [J]. The Journal of the American Academy of Psychiatry and the Law, 39(1): 44–52.

GRYCZKOWSKI M R, JORDAN S S, MERCER S H, 2010. Differential relations between mothers' and fathers' parenting practices and child externalizing behavior [J]. Journal of Child & Family Studies, 19(5): 539–546.

JESSOR R, TURBIN M S, COSTA F M, et al., 2003. Adolescent problem behavior in China and the United States: A cross-national study of psychosocial protective factors [J]. Journal of Research on Adolescence, 13(3): 329–360.

KANN L, MCMANUS T, HARRIS W A, et al., 2018. Youth risk behavior surveillance — United States, 2017 [J]. MMWR Surveillance Summaries, 67(8): 1–114.

KINSFOGEL K M, GRYCH J H, 2004. Interparental conflict and adolescent dating relationships: Integrating cognitive, emotional, and peer influences [J]. Journal of Family Psychology, 18(3): 505-515.

LEUNG C L K, BENDER M, KWOK S Y C L, 2017. A comparison of positive youth development against depression and suicidal ideation in youth from Hong Kong and the Netherlands [J]. International Journal of Adolescent Medicine and Health, 32(2).

LUDWIG K B, PITTMAN J F, 1999. Adolescent prosocial values and self-efficacy in relation to delinquency, risky sexual behavior, and drug use [J]. Youth & Society, 30(4): 461-482.

LUTHANS F, YOUSSEf C A, 2007. Emerging positive organizational behavior [J]. Journal of management, 33(3): 321-349.

MA X, YAO Y, ZHAO X, 2013. Prevalence of behavioral problems and related family functioning among middle school students in an eastern city of China: Adolescents, families and behavioral problems [J]. Asia-Pacific Psychiatry, 5(1): E1–E8.

MURIS P, 2002. Relationships between self-efficacy and symptoms of anxiety disorders and depression in a normal adolescent sample [J]. Personality & Individual Differences, 32(2): 337-348.

PADILLA-WALKER L M, CARLO G, NIELSON M G, 2015. Does helping keep teens protected? Longitudinal bidirectional relations between prosocial behavior and problem behavior [J]. Child Development, 2015, 86(6): 1759-1772.

PERGAMIT M R, 2010. On the lifetime prevalence of running away from home [J]. Urban Institute, 1: 1–16.

SHEEBER L, HOPS H, ALPERT A, et al., 1997. Family support and conflict: Prospective relations to adolescent depression [J]. Journal of Abnormal Child Psychology, 25(4): 333-344.

SHEK D T L, 2002. Family functioning and psychological well-being, school adjustment, and problem behavior in Chinese adolescents with and without economic disadvantage [J]. Journal of Genetic Psychology, 163(4): 497-502.

SHEK D T L, ZHU X, 2019. Reciprocal relationships between moral competence and externalizing behavior in junior secondary students: A longitudinal study in Hong Kong [J]. Frontiers in Psychology, 10.

SHEK D T L, LIN L I, 2016. What predicts adolescent delinquent behavior in Hong Kong? A longitudinal study of personal and family factors [J]. Social Indicators Research, 129(3): 1291–1318.

SHEK D T L, 1997. The relation of family functioning to adolescent psychological well-being, school adjustment, and problem behavior [J]. Journal of Genetic Psychology, 158(4): 467-479.

SIMON V A, FURMAN W, 2010. Interparental conflict and adolescents' romantic relationship conflict [J]. Journal of Research on Adolescence, 20(1): 188-209.

SONEGO M, LLÁCER A , GALÁN I, SIMÓN F, 2013, The influence of parental education on child mental health in Spain [J]. Quality of Life Research, 22(1): 203-211.

SOURANDER A, HELSTELÄ L, 2005. Childhood predictors of externalizing and internalizing problems in adolescence [J]. European Child & Adolescent Psychiatry, 14(8): 415-423.

STEINBERG L, ALBERT D, CAUFFMAN E, et al., 2008. Age differences in sensation seeking and impulsivity as indexed by behavior and self-report: Evidence for a dual systems model [J]. Developmental Psychology, 6(44): 1764-1778.

STEINER M, DUNN E, BORN L, 2003. Hormones and mood: From menarche to menopause and beyond [J]. Journal of Affective Disorders, 74(1): 67-83.

VAUGHN M G, MAYNARD B R, SALAS-WRIGHT C P, et al., 2013. Prevalence and correlates of truancy in the US: Results from a national sample [J]. Journal of Adolescence, 36(4): 767–776.

WIESNER M, 2003 , A longitudinal latent variable analysis of reciprocal relations between depressive symptoms and delinquency during adolescence [J]. Journal of Abnormal Psychology, 112(4).

YU L, SHEK D T L, 2013. Internet addiction in Hong Kong adolescents: A three-year longitudinal study [J]. Journal of Pediatric and Adolescent Gynecology, 26(3): S10-S17.

YUAN J J, LUO Y J, YAN J H, et al., 2009 , Neural correlates of the females' susceptibility to negative emotions: An insight into gender-related prevalence of affective disturbances [J]. Human Brain Mapping, 30(11): 3676-3686.

ZHANG Y Y, LEI Y T, SONG Y, et al., 2019. Gender differences in suicidal ideation and health-risk behaviors among high school students in Beijing, China [J]. Journal of global health, 9(1): 010604.

安桂花, 2015. 大学生感觉寻求与冒险行为的现状调查与干预研究[J]. 现代教育科学, (002): 45-52.

陈武, 周宗奎, 王明忠, 2013. 高中生父母冲突与抑郁:自尊的中介作用[J]. 中国临床心理学杂志, 21(01): 113, 136-138.

陈晓, 丁玲, 高鑫, 2016. 父母控制与初中生抑郁、危险行为的关系:神经质的中介效应[J].中国健康心理学杂志, 24(05): 780-784.

程刚, 刘家琼, 林楠, 等, 2019 , 中学生家庭社会经济地位与心理健康的关系:心理素质的中介作用[J]. 西南大学学报(社会科学版), 045(001): 105-112.

程绍珍, 杨明, 师莹, 2007. 高中生网络成瘾与家庭环境的关系研究[J]. 现代预防医学, 34(14):

2644-2645, 2648.
邓林园, 方晓义, 伍明明, 等, 2013. 家庭环境、亲子依恋与青少年网络成瘾[J]. 心理发展与教育, 29(03)：305-311.
丁雪辰, 施霄霞, 刘俊升, 2012. 学业成绩与内化行为问题的预测关系:一年的追踪研究[J]. 中国临床心理学杂志, 20(05): 697-701.
范航, 朱转, 苗灵童, 等, 2018. 父母婚姻冲突对青少年抑郁情绪的影响:一个有调节的中介模型[J]. 心理发展与教育, 34(004): 481-488.
方晓义, 郑宇, 林丹华, 2001，家庭诸因素与初中生吸烟行为的关系[J]. 心理学报, 33(3): 53-59.
高鑫, 邢淑芬, 赵军燕, 2016，父母的心理控制与儿童心理社会功能的关系[J]. 心理科学进展, 24(11): 10.
侯金芹, 郭菲, 陈祉妍, 2013.青少年抑郁情绪和违纪行为的共存——孰因孰果? [J]. 中国临床心理学杂志, 21(03): 439-442, 438.
胡春梅, 李方珍, 余殊伶, 2017. 中等职业学校学生吸烟、饮酒、赌博与冲动性、感觉寻求的关系[J]. 现代预防医学, 44(20): 3753-3756.
胡宁, 邓林园, 张锦涛, 等, 2009. 问题行为关系的追踪研究[J]. 心理发展与教育, 25（04）：93-100.
李晓巍, 邹泓, 金灿灿, 等, 2008. 流动儿童的问题行为与人格、家庭功能的关系[J]. 心理发展与教育, 24(002): 54-59.
罗春燕, 彭宁宁, 朱蔚, 等, 2003，上海市青少年危险行为现状研究(五)——自杀倾向与离家出走情况[J]. 中国校医, 17(3): 197-199.
罗伏生, 沈丹, 张珊明, 2009.青少年焦虑和抑郁情绪特征研究[J]. 中国临床心理学杂志, 17(04): 468-470.
牛更枫, 范翠英, 周宗奎, 等, 2015. 青少年乐观对抑郁的影响:心理韧性的中介作用[J]. 中国临床心理学杂志, 23(04): 709-711, 681.
屈智勇, 邹泓, 2009. 家庭环境、父母监控、自我控制与青少年犯罪[J]. 心理科学, 32(02): 360-363.
万晶晶, 方晓义, 李一飞, 等, 2008. 主观客观父母监控与中学生同伴交往的关系[J]. 中国心理卫生杂志, 22(001): 20-24.
王志梅, 2003. 初中生父母教养方式的调查研究[J]. 河北师范大学学报（教育科学版）, 5(06): 87-93.
吴梦莹, 周仁来, 黄雅梅, 等, 2014，神经质程度和月经周期对女性主观情绪和生理反应的影响[J]. 心理学报, 46(1): 58-68.
熊文艳, 范义兵, 陈海婴, 等, 2012，南昌市青少年健康危险行为现况分析[J]. 现代预防医学, 39(10): 2499-2501.
叶婷, 吴慧婷, 2012. 低家庭社会经济地位与青少年社会适应的关系:感恩的补偿和调节效应[J]. 心理学探新, 32(001): 61-66.
余萌, 徐慊, 朱雅雯, 等, 2017. 青少年内外化症状现状调查及预测因素[J]. 中国健康心理学杂志, 11(9): 139-144.
王素华, 李新影, 陈杰, 2014，父母监管和温暖与青少年交往不良同伴对自身问题行为的影响[J]. 中国临床心理学杂志, 22(3): 499-503.
王志梅, 2003. 初中生父母教养方式的调查研究[J]. 河北师范大学学报（教育科学版）, 5(06): 87-93.
俞国良, 陈诗芳, 2001, 小学生生活压力、学业成就与其适应行为的关系[J]. 心理学报, (04): 344-348.
张卫, 朱建军, 刘莎, 等, 2016，感觉寻求和青少年问题行为[J]. 华南师范大学学报(社会科学版), (03):82-87，192.
周浩,龙立荣,2004. 共同方法偏差的统计检验与控制方法[J]. 心理科学进展,12(6)：942-950
周焕宁,余少珍,梁少明,等,2017. 广州市越秀区青少年健康危险行为及其影响因素分析[J]. 河南预防医学杂志, 28(011): 801-806.
周玮,孟宪鹏,2006 ,高中生考试焦虑与学习成绩的关系[J]. 中国学校卫生,27(03): 211-212.
庄勋,周逸萍,荀鹏程,等,2007. 南通市高中生抑郁情绪及其影响因素分析[J]. 中国学校卫生,28(01): 30-32.

6
总结与建议

本研究从家庭系统理论和发展系统理论的视角，通过大样本追踪设计，对深圳青少年积极品质、抑郁、网瘾、内外化问题行为发展的规律，进行深入分析，在青少年积极品质发展及危险行为预防方面得出以下结论与建议：

① 在**青少年积极品质发展**方面，深圳大部分青少年都能维持中等以上的积极品质发展水平，家庭功能对青少年的积极品质发展轨迹有显著的预测作用。因此，在对青少年积极品质的培养过程中，学校教育者和社会工作者应当同时关注青少年成长的家庭环境，可开设亲职教育的讲座和活动，鼓励在家庭成员之间营造融洽的氛围，多给予孩子支持和关爱。此外，各个城市的教育工作者可以多进行关于青少年积极品质发展的合作，为培养青少年的积极品质（如自我效能感、心理韧性等）开设相关的课程和活动，同时各地政府应当多提供青少年交流的机会，助力青少年的蓬勃发展。

② 在**青少年网络成瘾**方面，深圳青少年网络成瘾的得分和检出率均在中学第二年最高，初二学生的网络成瘾问题需要重点关注，应帮助他们学会用正确的方式解决当下的适应性问题。虽然高水平家庭功能和高水平积极品质发展表现为对深圳青少年网络成瘾的保护性因素，但积极品质发展的效应量是相对微弱的。这启示我们单纯依靠青少年积极品质发展架构的干预对中国青少年网络成瘾问题而言或难以达到理想的效果，同时也要考虑青少年所处的家庭环境因素。具体而言，重建亲密关系、缓解冲突、加强沟通或许是提升家庭功能，从而预防或缓解青少年网络成瘾等问题行为的有效手段。此外，在深圳青少年群体中，男生更易进入缓解组，即网络成瘾风险更小。这暗示着需根据青少年性别差异给予相应的关注。

③ 在**青少年抑郁症状**方面，在相邻两年间，青少年抑郁具有较低的相对稳定性，且随着间隔时间的增加，青少年抑郁的相对稳定性可能增加；同时，青少年抑郁的绝对稳定性随年龄的增长而先稳定后略有下降。分析群体异质性后，我们发现

青少年抑郁的发展存在五条异质性发展轨迹，分别为中等抑郁上升组、恶化组、抑郁恢复组、抑郁高风险组和持续不抑郁组。相对于持续不抑郁组的青少年，女性相对于男性归属于中等抑郁上升组、恶化组和抑郁高风险组概率更高，需要对女性青少年的抑郁症状给予更多的关注与干预。相对于持续不抑郁组的青少年而言，家庭功能越好，归属于中等抑郁上升组、抑郁高风险组的可能性就越小。相对于持续不抑郁组的青少年而言，青少年积极品质发展越好，进入中等抑郁上升组、恶化组和抑郁高风险组的发生比就越小。这启示我们教育工作者在对青少年抑郁进行预防和干预时，应做到家校连接或家校一体，一方面鼓励营造家庭成员之间融洽的关系，同时，学校应为培养和提升青少年的正念水平和积极品质（如心理韧性、情绪能力、自我效能感等方面）开设相关课程或活动，以使青少年在面对负性事件或消极情绪时能够采用积极的应对策略。

④ 在**青少年内外化问题行为**方面，性别、家庭功能、青少年积极品质发展对青少年内外化问题行为具有显著的预测作用，启示教育者、社会工作者在对青少年内外化问题行为进行预防和干预时，对于男生出现的外化问题行为和女生容易出现的内化问题应及时发现和引导。由于焦虑、抑郁、退缩等不容易察觉，故需要仔细留意和观察，对出现抑郁、焦虑情绪的学生给予及时支持。也要关注积极品质发展水平低、家庭功能不良的学生，鼓励营造家庭成员之间融洽的氛围，多给予孩子支持和关爱。学校、社会工作机构可开设相关课程及活动以培养和提升青少年的积极品质（如亲社会行为、积极认同等方面），使青少年在活动中满足感觉寻求的同时培养积极情绪、正确认知和行为，进而预防或者减少内外化问题行为的发生。

本研究通过横向与纵向对比丰富了青少年积极品质发展、家庭功能对青少年网络成瘾、抑郁及内外化问题行为影响机制的研究结论，同时提示不仅要发挥家庭功能的最佳作用，为青少年发展提供良好的外部资源，更要重视培养青少年的内部资源，促进青少年的积极发展，以预防或减少危险行为的发生。这为今后青少年发展问题的预防及干预研究提供了重要的理论框架支撑和实践建议。同时也为积极开展青少年健康发展项目，推进青少年交流合作，帮助青少年增加对国家民族的认同和了解，提供了良好的科学依据和实践建议。对于提升中国青少年心理品质，促进其身心积极发展，以及呼吁和动员全社会力量积极参与建立健全中国青少年健康发展服务体系具有重要意义。

在全面提升青少年的心理健康状况工作中，倡导建立学校、家庭、社区网络联动的预防体系。

首先，学校要建立健全心理健康防治与干预体系。应完善针对有心理健康风险学生的保护、求助与干预机制，并定期组织各级各类老师接受专业技能培训，使教师具备对高风险学生进行评估、识别、应对和及时干预的能力。切实落实《学生心理健康教育指南》的相关要求，开设满足学生需要的心理健康教育课程，并将其纳入日常教学计划，促进青少年积极品质发展。创设心理服务平台，打通学生心理问题的帮扶通路，鼓励并强化学生寻求心理帮助的信念与行为。

其次，应将家长和学校纳入教育工作总体部署。采用家长会、培训讲座等方式，网络媒体等途径向家长宣传正确的教育理念、科学的养育方法以及青少年危险行为的相关知识。倡导建立家庭、学校和社区联动的防治体系，社区的家庭教育指导服务点要积极开展面向家长和子女的心理健康教育，营造健康家庭氛围，提高家长预防、识别子女心理行为问题的能力。

最后，搭建国家级别的、专业的、权威的科普网站与求助平台。组织专业团队建立有关网瘾、抑郁、内外化问题行为等青春期高发问题的科普网站，利用互联网的便捷性向青少年及其家长普及心理健康知识，构建畅通的网络求助与预警通道。全社会共同携手，为青少年营造健康的心理生长环境。

附录

附录1　课题研究成果之已发表论文

CHI X, CHEN S, CHEN Y, et al., 2021. Psychometric evaluation of the fear of COVID-19 scale among Chinese population [J/OL]. International Journal of Mental Health and Addiction [2021-10-1]. https://doi.org/10.1007/s11469-020-00441-7. DOI: 10.31234/osf.io/t5jne.

CHI X, LIANG K, CHEN S T, et al., 2020. Mental health problems among Chinese adolescents during the COVID-19: The importance of nutrition and physical activity [J/OL]. International Journal of Clinical and Health Psychology, 21(3): 10-18 [2021-10-1]. http://doi.org/10.1016/j.ijchp.2020.100218. DOI: 10.1016/j.ijchp.2020.100218

CHI X, CUI X, 2020. Externalizing problem behaviors among adolescents in a southern city of China: Gender differences in prevalence and correlates [J]. Children and Youth Services Review, 119: 105-132.

CHI X, LIU X, HUANG Q, et al., 2020. The relationship between positive youth development and depressive symptoms among Chinese early adolescents: A three-year cross-lagged analysis [J]. International Journal of Environmental Research and Public Health, 17(17): 64-84.

CHI X, BECKER B, YU Q, et al., 2020. Prevalence and psychosocial correlates of mental health outcomes among Chinese college students during the coronavirus disease (COVID-19) pandemic [J]. Frontiers in Psychiatry, 11: 803.

CHI X, BECKER B, YU Q, et al., 2020. Persistence and remission of depressive symptoms and psycho-social correlates in Chinese early adolescents [J]. BMC Psychiatry, 20(1): 1-11.

CHI X, HUANG L, WANG J, et al., 2020. The prevalence and socio-demographic correlates of depressive symptoms in early adolescents in China: Differences in only child and non-only child groups [J]. International Journal of Environmental Research and Public Health, 17(2): 438.

CHI X, BO A, LIU T, et al., 2018. Effects of mindfulness-based stress reduction on depression in adolescents and young adults: A systematic review and meta-analysis [J]. Frontiers in Psychology, 9: 1034.

Chi X, Lin L, Zhang P, 2016. Internet addiction among college students in China: Prevalence and psychosocial correlates [J]. Cyberpsychology, Behavior, and Social Networking, 19(9): 567-573.

CHI X, ZHANG P, WU H, 2016. Screening for postpartum depression and associated factors among women in China: A cross-sectional study [J]. Frontiers in Psychology, 7: 1668.

Chi X, Hawk S T, 2016. Attitudes toward same-sex attraction and behavior among Chinese university students: tendencies, correlates, and gender differences [J]. Frontiers in psychology, 7: 1592.

迟新丽，陈诗韵，王秋英，等，2021.家庭功能对青少年问题行为的影响：有调节的中介效应[J].中国临床心理学，29（2）：246-251.

王秋英，黄巧敏，刘晓凤，等，2020. 家庭功能对青少年早期外化问题行为的影响：心理韧性的中介作用和性别的调节作用[J]. 心理与行为研究，18(5)：659-665.

迟新丽，黄巧敏，王秋英，2020. 青少年适应行为及影响因素追踪研究[J]. 青年研究，02：85-102.

刘晓凤，迟新丽，张洁婷，等，2019. 儿童青少年正念量表（CAMM）在中国青少年群体中的信效度检验[J]. 心理学探新，39（3）: 250-256.

刘晓凤，迟新丽，李红，等, 2019. 家庭功能对青少年抑郁的影响: 一项有调节的中介效应[J]//中国心理学会. 第二十二届全国心理学学术会议摘要集.

迟新丽，洪欣，谢爱磊，2019. 身份识别与情感归属——影响深港跨境学童身份认同的因素分析[J]. 青年研究，01:92-122.

附录2　问卷

家庭功能量表（节选）

请仔细阅读下列各句子，然后选出您认为最能代表您对现实家庭的看法的答案（在对应数字打“✔”）。

	否：十分不相似	否：有点不相似	介乎有点不相似与有点相似之间	是：有点相似	是：十分相似
1.家庭成员相亲相爱。	1	2	3	4	5
2.家人互不关心。	1	2	3	4	5
3.家人是团结一致的。	1	2	3	4	5
4.我们有很多摩擦。	1	2	3	4	5
5.我的家人和洽相处。	1	2	3	4	5
6.家人的相处并不融洽。	1	2	3	4	5
7.我的家人相处得很好。	1	2	3	4	5
8.总的来说，父母明白子女的想法。	1	2	3	4	5
9.总的来说，父母和子女经常交谈。	1	2	3	4	5

青少年积极品质发展量表（节选）

请仔细阅读下列句子，并选出您认为最能代表您感受和想法的答案，然后在相应方框打“✔”。

	非常不同意	不同意	有点不同意	有点同意	同意	非常同意
1.当我需要帮助时，我相信我的父/母亲（或抚养人）一定会协助我。	1	2	3	4	5	6
2.当我需要帮助时，我相信我的老师一定会协助我。	1	2	3	4	5	6
3.我热爱我的老师和同学。	1	2	3	4	5	6
4.面对困难时，我不会轻易放弃。	1	2	3	4	5	6

	非常不同意	不同意	有点不同意	有点同意	同意	非常同意
5.我的信念是：“就算明天变得更差，我仍会好好地生活下去。”	1	2	3	4	5	6
6.我相信生命里的困难是可以解决的。	1	2	3	4	5	6
7.我懂得怎样与别人沟通。	1	2	3	4	5	6
8.我了解人与人相处的规则和要求。	1	2	3	4	5	6
9.我能够与他人融洽相处。	1	2	3	4	5	6
10.当我尽力把事情做好时，老师会称赞我。	1	2	3	4	5	6

网络成瘾量表

想想自己在过去一年内的上网情况（包括使用电脑、手机、ipad等可以上网的电子设备），选一个你认为合适的答案（在“是”或“否”下的方框里打“√”）。

	否	是
1.你是否无时无刻都想着有关上网的事情?	1	2
2.你是否觉得需要有越来越多的上网时间来获得满足感?	1	2
3.你是否曾多次尝试控制、减少或停止上网但不成功?	1	2
4.当你尝试减少或停止上网时，你是否坐立不安、情绪波动、抑郁或脾气暴躁?	1	2
5.你上网的时间是否超出了你的预期?	1	2
6.你曾否因为上网而出现人际关系、工作、学业或前途等方面的问题?	1	2
7.你是否曾经对家人、老师、社工或其他人隐瞒自己上网的情况?	1	2
8.你是否以上网作为逃避问题或发泄情绪（比如无助感、罪疚感、焦虑、抑郁）的途径?	1	2
9.当你没有上网时，你是否会感觉到抑郁、坐立不安、情绪波动或焦虑?	1	2
10.你是否虽然已经花了很高的上网费，但仍继续上网?	1	2

流调中心用抑郁量表（节选）

	偶尔或无(少于1天)	有时(1—2天)	经常或一半时间(3—4天)	大部分时间或持续(5—7天)
1.我因一些小事而烦恼。	1	2	3	4
2.我不大想吃东西，我的胃口不好。	1	2	3	4

续表

	偶尔或无 (少于1天)	有时 (1—2天)	经常或一半时间(3—4天)	大部分时间或持续(5—7天)
3.即使家属朋友想帮我，我仍然无法摆脱心中的苦闷。	1	2	3	4
4.我觉得我和一般人一样好。	1	2	3	4
5.我在做事时无法集中自己的注意力。	1	2	3	4
6.我感到情绪低沉。	1	2	3	4
7.我感到做任何事都很费力。	1	2	3	4
8.我觉得前途是有希望的。	1	2	3	4
9.我觉得我的生活是失败的。	1	2	3	4
10.我感到害怕。	1	2	3	4

危险行为评定量表（节选）

	从来 没有	几乎 没有过	有时 会这样	经常 这样	一直以来 就这样
1.学习竞争太激烈，我感到非常讨厌。	1	2	3	4	5
2.我每周都要喝1—2次酒。	1	2	3	4	5
3.上课的时候，我总是走神，不能专心听讲。	1	2	3	4	5
4.我好像特别容易受到惊吓。	1	2	3	4	5
5.我总感到别人在背后议论我。	1	2	3	4	5
6.我的手经常会发抖。	1	2	3	4	5
7.我每天至少吸一盒烟。	1	2	3	4	5
8.我一周吸一条烟。	1	2	3	4	5
9.我和女朋友/男朋友曾经接吻、拥抱过。	1	2	3	4	5
10.我曾经抄袭过别人的作业。	1	2	3	4	5

附录3　参与学校调查反馈报告（示例）

A学校青少年心理社会发展追踪报告（2016.10—2018.10）

学校名称:	深圳A学校
数据采集时间:	2018年10月
参加学生人数:	132人（有效问卷132份）

青少年积极品质发展

本调查采用中国青少年积极品质发展量表（Shek et al., 2007），包括14个维度（具体维度见表1），总的得分均值作为青少年积极品质发展的指标（1—6级计分，若得分为3分以上，则青少年积极品质发展水平为中等以上）。如图1所示，2016年（7年级）青少年积极品质发展总体水平为4.57分，2017年（8年级）的青少年积极品质发展总体水平为4.83分，2018年（9年级）的青少年积极品质发展总体水平为4.89分，7年级与9年级、7年级与8年级的青少年积极品质发展水平存在显著差异（$p<0.05$），说明被试在8年级和9年级期间的青少年积极品质发展总体水平比7年级高。

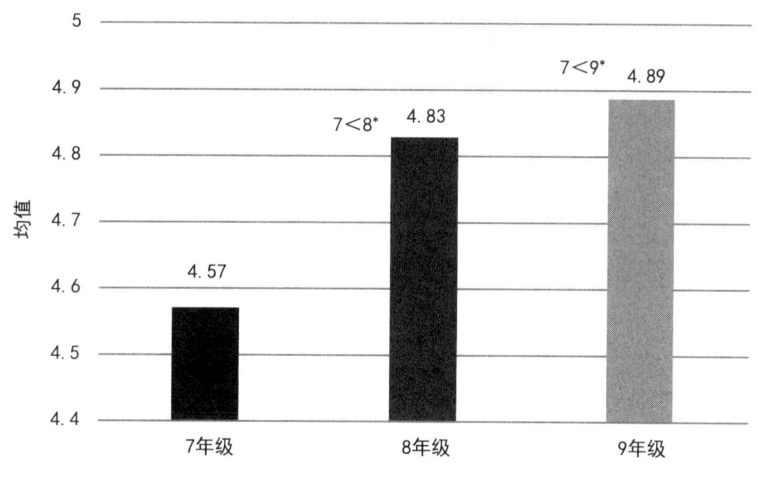

图1　深圳A学校样本青少年积极品质发展情况（$^*p<0.05$）

表1　深圳A学校样本青少年积极品质发展各维度三年的水平比较

维度	7年级(M)	8年级(M)	9年级(M)	p
与他人的联结	5.07	5.05	5.11	不显著
抗逆能力	5.11	4.91	5.10	不显著
社交能力	4.83	4.96	5.06	不显著
积极行为认同	4.84	4.87	4.99	不显著
情绪控制和表达能力	4.38	4.60	4.73	显著
认知能力	4.45	4.66	4.81	显著
采取行动能力	4.64	4.83	4.85	不显著
分辨是非能力	4.63	4.81	4.76	不显著
自断力	4.67	4.80	4.82	不显著
自我效能感	4.79	4.83	4.85	不显著
清晰积极的身份认同	1.97	4.77	4.71	显著
建立目标和决策能力	4.77	4.65	4.65	不显著
参与公益活动	4.92	4.91	4.93	不显著
亲社会规范	4.96	5.00	5.01	不显著

具体来看，青少年积极品质发展的各个维度情况如表1所示：与他人的联结、抗逆能力、社交能力、积极行为认同、采取行动能力、分辨是非能力、自断力、自我效能感、建立目标和决策能力、参与公益活动、亲社会规范方面均不存在显著差异，说明在7年级至9年级期间，被试在以上维度的变化不大，即在与他人的联结方面，被试与他人关系友好；在抗逆能力方面，被试在面对困难时保持积极心态；社交能力方面，被试与同学、老师相处融洽；积极行为认同方面，被试对于积极行为有客观认识；采取行动能力方面，被试的行为积极；分辨是非能力方面，被试有良好的道德认识；自断力方面，被试能够果断地做出决定；自我效能感方面，被试对于自我充满信心；建立目标和决策能力方面，被试保持对未来充满信心；参与公益活动方面，被试的社会参与意识强；亲社会规范方面，被试能完成社会义务，遵守社会准则。

7年级与8年级、8年级与9年级的青少年积极品质发展大部分维度的差异不显著，7年级与9年级的青少年积极品质发展有维度差异显著，具体如下：情绪控制和表达能力方面，相比7年级时，被试在9年级期间更能够理性认识和表达自己的情感；认知能力方面，相比7年级时，被试在9年级期间对事物看法更客观合理；清晰积极的身份认同方面，相比7年级时，被试在9年级期间对自己有着更清楚的认识。

家庭功能

本调查采用家庭功能评价量表（Shek，2002）的三个子量表（即相互关系、冲突和沟通），得分越高表示家庭功能越好（1—5级计分，若得分为2.5分以上，则家庭功能为中等以上水平）。三年调查的总体情况如图2所示：三年间的冲突和沟通得分都不存在显著差异（$p>0.05$），说明7年级至9年级期间，被试家庭成员之间总体沟通顺畅，和睦相处。相互关系方面，7年级与9年级、8年级与9年级的均值差异显著（$p<0.05$），说明被试在9年级期间与家庭成员的关系较疏远。

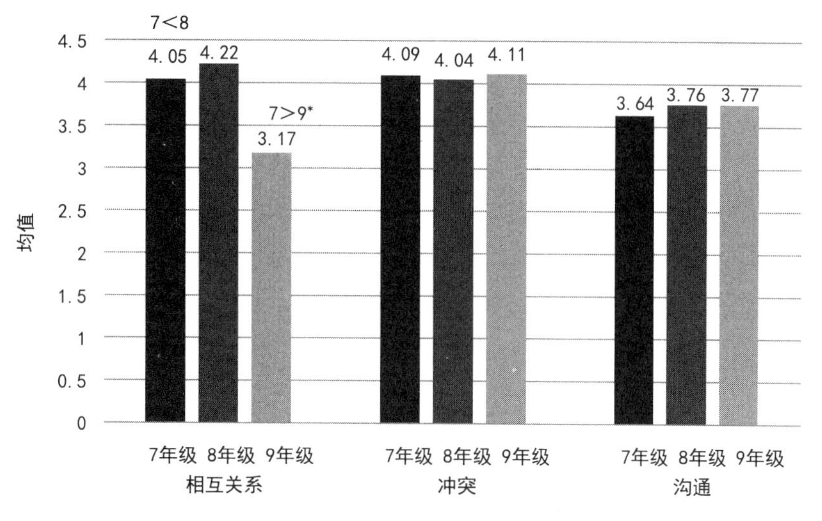

图2　深圳A学校样本三年的家庭功能情况（*$p<0.05$）

内外化问题行为

（1）青少年危险行为评定

本调查采用白洁（2007）编制的青少年危险行为量表对青少年危险行为进行评定，该量表包含4个子量表（1—5级计分）。每个子量表又分若干个子维度，将前27%的数据作为低分组，后27%的数据作为高分组，具体如下（见图3）：

内化问题，7年级时以54分为高分组的临界值，即有36人（27.27%）处于高分组，8年级、9年级以7年级的临界值为参照值，则8年级、9年级分别有20人（15.15%）、21人（15.91%）处于高分组，说明相比于7年级，被试在8年级、9年级期间的内化问题减少，7年级和8年级、7年级和9年级之间的内化问题的均值差异显著（$p<0.05$），表明被试在9年级时更能够感受到生活、学习的快乐以及

家庭的温暖和幸福，能够正确面对困境和挫折，心态平和，有一定的自信，不担心无中生有的事情发生等。

学业适应不良问题，7年级时以21分为高分组的临界值，即有41人（31.06%）处于高分组，8年级、9年级以7年级的临界值为参照值，则8年级、9年级分别有31人（23.48%）、33人（25%）处于高分组，这部分被试存在考试经常“夹带”、与同学和老师的关系都不好、上课经常传纸条、极少得到老师的表扬等情况，三年之间的学业适应不良问题的均值差异不显著（$p>0.05$）。

不良习惯问题，7年级时以25分为高分组的临界值，即有45人（34.09%）处于高分组，8、9年级以7年级的临界值为参照值，则8年级、9年级分别有42人（31.82%）、39人（29.55%）处于高分组，8年级和9年级之间的不良习惯问题的均值差异显著（$p<0.05$），表明被试在9年级期间，吸烟，饮酒，与异性拥抱、接吻等与性有关的行为，以及网络成瘾行为更少发生。

外化问题行为，7年级以19分为高分组的临界值，7年级有43人（32.58%）处于高分组，8、9年级以7年级的临界值为参照值，则8年级、9年级分别有39人（29.55%）、33人（25%）处于高分组，这部分被试存在经常打架、破坏学校公物设施、经常与父母对抗、目无尊长、过分独立、偷拿别人东西的行为，可能时常通过离家出走对父母进行威胁。7年级和8年级、7年级和9年级之间的外化问题行为的均值差异不显著（$p>0.05$）。

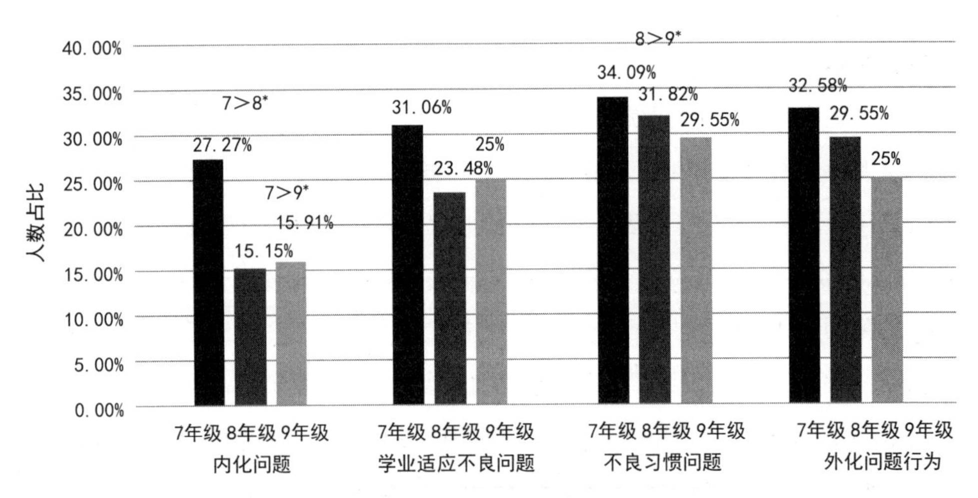

图3　深圳A学校样本青少年危险行为（$^*p<0.05$）

（2）抑郁

本调查采用Radloff（1977）编制的流调中心用抑郁量表（以16分作为抑郁症状临界点，即15分及15分以下为无抑郁症状，16—19分为可能有抑郁症状，20分及20分以上为肯定有抑郁症状）。三年的调查结果如图4所示：7年级有91人（68.94%）处于无抑郁状态，8年级有91人（68.94%）处于无抑郁状态，9年级有92人（69.7%）处于无抑郁状态；7年级有10人（7.58%）处于可能抑郁状态，8年级有15人（11.36%）处于可能抑郁状态，9年级有14人（10.61%）处于可能抑郁状态；7年级有31人（23.48%）处于肯定抑郁状态，8年级有26人（19.70%）处于肯定抑郁状态，9年级有26人（19.70%）。三年抑郁分数的差异不显著（$p>0.05$）。从数据排查中发现，**有10人（7.58%）在三年内都处于肯定抑郁状态。**

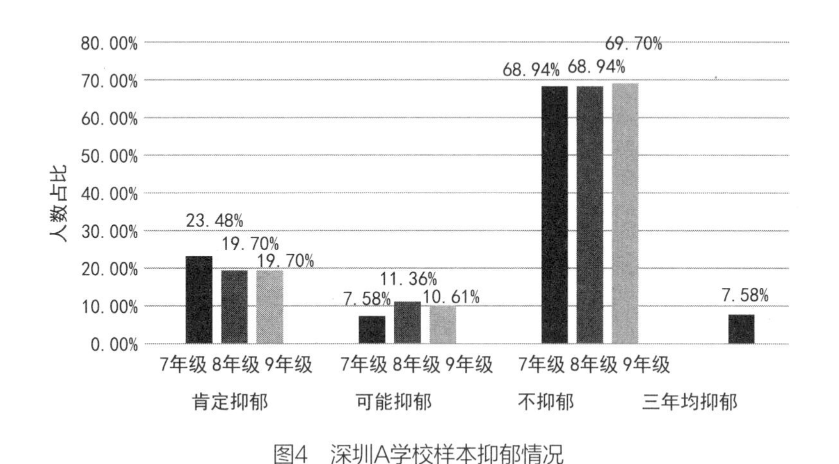

图4　深圳A学校样本抑郁情况

（3）网络成瘾情况

本调查采用Li等（2012）编制的网络成瘾量表，该量表包含10个题目（回答4个及以上“是”，则被认为已形成网络成瘾，否则未形成网络成瘾）。三年调查的总体情况如图5所示：7年级网络成瘾人数为25人（18.94%），无网瘾人数是107人（81.06%），8年级网络成瘾人数为30人（22.73%），无网瘾人数是102人（77.27%），9年级网络成瘾人数为22人（16.67%），无网瘾人数是110人（83.33%）。7年级和9年级的网络成瘾分数差异显著（$p<0.05$），表明9年级期间的网络成瘾程度有所缓解。**三年均有网络成瘾的人数是4人（0.3%）。**

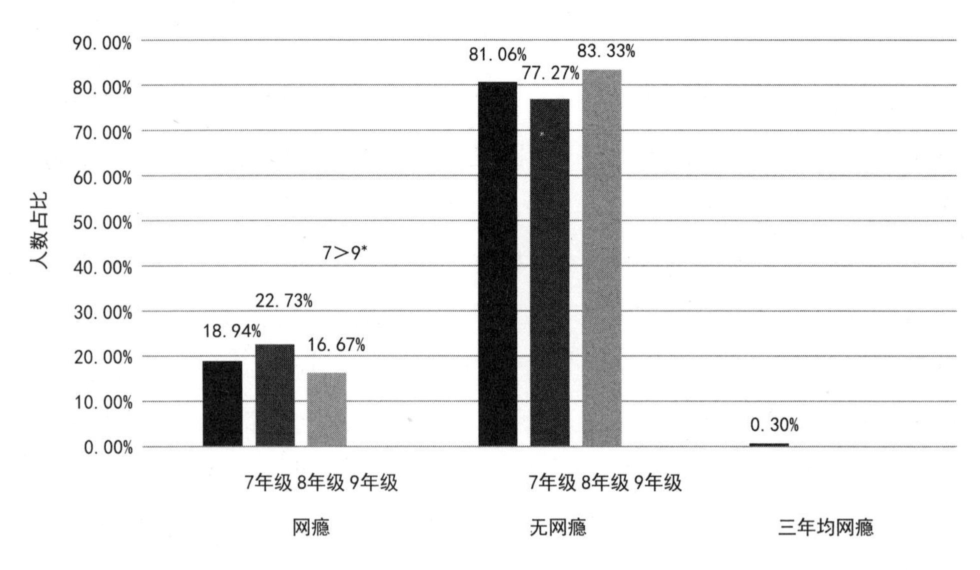

图5　深圳A学校样本网络成瘾情况（$^*p<0.05$）

结论

本报告显示了中学期间青少年心理发展变化，揭示了一些值得我们关注的问题，为学校如何设计教学或活动规划，以更好地满足学生需求提供了启示。